车载武器系列丛书

车载武器论证与评估

主　编　毛保全

副主编　张金忠　杨雨迎

国防工业出版社

·北京·

内 容 简 介

本书以车载武器为研究对象,以指标论证和性能效能评估为主线,系统介绍了典型车载武器的指标体系、指标论证方法、性能评估方法、效能评估方法以及论证评估案例等内容。全书共 8 章,包括绪论、坦克炮论证、自行火炮评估、车载炮评估、车载自动武器论证、车载导弹论证与评估、遥控武器站论证与评估、装甲底盘与车炮匹配性评估,各章既相互联系又各具独立性。

本书可作为从事武器系统研究、论证、设计和试验的科研人员以及相关领域工程技术人员的参考资料,同时也可作为有关院校相关专业研究生和高年级本科生的教材。

图书在版编目(CIP)数据

车载武器论证与评估/毛保全主编. —北京:国防工业出版社,2021.9

ISBN 978 – 7 – 118 – 12383 – 8

Ⅰ.①车… Ⅱ.①毛… Ⅲ.①军用车辆—武器装备—研究 Ⅳ.①TJ81

中国版本图书馆 CIP 数据核字(2021)第 167891 号

※

国防工业出版社出版发行

(北京市海淀区紫竹院南路 23 号 邮政编码 100048)

天津嘉恒印务有限公司印刷

新华书店经售

*

开本 710×1000 1/小 16 印张 13 字数 225 千字

2021 年 9 月第 1 版第 1 次印刷 印数 1—2000 定价 96.00 元

(本书如有印装错误,我社负责调换)

| 国防书店:(010)88540777 | 书店传真:(010)88540776 |
| 发行业务:(010)88540717 | 发行传真:(010)88540762 |

序 一

随着坦克装甲车辆及自行火炮、车载炮等武器装备的不断发展,以装甲底盘为载体的武器已经逐步形成独具特色的车载武器群。经过多年发展,车载武器学交叉融合了武器控制与制导技术、自动装弹技术、武器信息化技术、发射理论与技术、弹药与毁伤技术等学科技术,形成了独具特色有较完整理论体系与方法的学科分支。

目前,比较系统全面介绍车载武器最新研究和应用水平的专著还很少。毛保全教授结合了在车载武器系统研究方面的工作积累,对车载武器建模与仿真的理论、方法及其应用进行了较全面系统的归纳、总结和提炼。本套丛书紧紧抓住了坦克、步兵战车和自行火炮等以装甲底盘为载体的武器系统的共性和特点,按车载武器的论证、设计、试验、使用及维护的生命周期,构建了科学合理的知识体系。

本套丛书的特色在于"全、新、精、实",力求使读者通过学习本丛书可以进行相关车载武器的分析研究,突出了基本概念和基本原理,同时注重了理论严密性、系统性和实用性,使读者易于领会和掌握车载武器的诸多理论分析、工程应用和作战使用中的问题实质,并能较快地用以解决工作和学习中遇到的实际问题。本丛书的问世在推动车载武器领域理论研究方面起到很好的促进作用,同时它也为广大从事车载武器行业的专业人员提供了一套较系统的专业技术参考资料。

本丛书集作者多年科研和教学方面的成就、经验和收获,总结车载武器理论和技术体系和吸纳最新研究成果,深入分析研究了车载武器的科学机理、构造原理、战术技术性能以及论证、设计、试验、生产、运用、保障过程涉及的理论与技术,设计、优化了车载武器的知识框架结构,系统性、实用性强,基本概念、系统构成和作用原理表述清晰。可作为从事车载武器研究、论证、设计、教学及试验的教师和科研人员的参考资料,同时可作为相关专业研究生和高年级本科生的教材,也可供相关领域工程技术人员参考。

中国工程院院士 朱光亚

2015 年 4 月

序 二

    火炮最初主要用于要塞防御,炮台的坚固性和火炮的攻击能力相结合在热兵器战争的初期使火炮的威慑作用得以充分发挥。随着战争的发展,对火炮的机动性提出了要求,再加上火炮发射技术和后坐技术的发展,使火炮装备到机动载体上成为可能。在此背景下,火炮、机枪和反坦克导弹等武器陆续集成到装甲装备上,出现了坦克、自行火炮、步兵战车、车载机枪、车载导弹等,形成了陆用武器家族中独具特色的成员——车载武器。

    在兵器科学与技术学科领域里,正在形成车载武器系统的理论体系和技术体系。车载武器系统集机、光、电、液、计算机等技术于一体,结构越来越紧凑,性能越来越先进,学科内涵越来越丰富。车载武器论证与评估、车载武器分析与设计、车载武器发射动力学、车载武器建模与仿真、车载武器虚拟样机、车载武器数字化、车载武器使用以及车载武器的总体、发射、目标与环境信息感知、控制与制导、自动机、反后坐、自动装弹、弹药的理论和技术不断发展,丰富了兵器科学与技术学科的内容。

    国内外很多高等院校和科研院所都开展了车载武器方面的研究和教学工作,有些院校还开设了相应的课程。但到目前为止,还没有一套系统介绍车载武器有关理论和技术的丛书。本套丛书紧紧抓住了坦克、步兵战车和自行火炮等以装甲底盘为载体的武器系统的共性和特点,按车载武器的论证、设计、试验、使用及维护的生命周期,同时还兼顾了新型军事人才能力培养体系和知识体系的特点,全面优化、整合了车载武器理论和技术的相关内容,构建了科学合理的知识体系。本套丛书突出了基本概念和基本原理,同时注重了理论严密性、系统性和实用性,使读者易于领会和掌握车载武器的诸多理论分析、工程应用和作战使用中的问题实质,并能较快地用以解决工作和学习中遇到的实际问题。

    毛保全教授在车载武器领域从事教学和科研工作二十多年,积累了较丰硕的理论研究成果,有较丰富的教学经验,《车载武器系列丛书》是集作者多年科研和教学方面的成就、经验和收获,在总结车载武器理论和技术体系和吸纳最新研究成果的基础上写成的。相信该丛书的问世在推动车载武器领域理论研究方面起到很好的促进作用,同时它也为广大从事车载武器行业的专业人员提供了一套较系统的专业技术参考资料。

　　车载武器技术正处于快速发展时期,随着时间的推移,新的车载武器成果还会不断涌现,希望本套丛书的后续版本能够及时跟踪国内外先进车载武器理论与技术,与时俱进,不断丰富其内容。

中国工程院院士　王哲荣

2015 年 4 月

序 三

战争对武器装备的机动性和防护力的要求越来越高,用于地面作战的多种火炮、导弹和机枪等武器系统装在装甲底盘上,逐步实现了车载化,于是出现了坦克、步兵战车、自行火炮、车载导弹和车载机枪等,这些武器装备集快速的机动性、强大的火力和坚固的防护力于一体,形成了独具特色的一类武器——车载武器。近年来,我国已有多种车载武器经历了研究、论证、设计、试验、批产、装备和使用的全过程,取得了丰硕的成果,也积累了宝贵的实践经验。车载武器领域取得的一系列成果,对增强我国的国防实力,带动科学技术进步,促进社会经济发展,发挥了重要的作用。

与其他武器相比,车载武器在性能、结构上有明显的区别,促使其在论证、分析、设计的理论以及许多关键技术上形成了自己的特点。车载武器交叉融合了多学科理论与技术,在环境与目标信息感知技术、武器控制与制导技术、自动装弹技术、武器信息化技术、发射理论与技术、弹药与毁伤技术、武器系统运用和保障技术等方面独具特色,车载武器学科内涵、学术体系和技术体系十分清晰,构成了新的学科领域——"车载武器学"。

毛保全教授的教学科研团队参与了车载武器的概念研究、项目研制、试验和使用等方面工作,提出并身体力行参与了新型武器的研究开发,在车载武器的论证与评估、动力学仿真、武器关键技术、试验技术和运用与保障技术等方面积累了较丰硕的理论成果。作者全面、系统地归纳了以往教学科研中涉及的车载武器理论与技术,总结新型武器研究开发的实际经验,提炼车载武器的共性和特点,形成了系统完整的车载武器系列丛书。

车载武器系列丛书深入分析研究了车载武器的科学机理、构造原理、战术技术性能以及论证、设计、试验、生产、运用、保障过程涉及的理由与技术,设计、优化了车载武器的知识框架结构,系统性、实用性强,基本概念、系统构成和作用原理表述清晰,理论推导和图文表述严密性、逻辑性强,构建了科学合理的知识体系。丛书对从事车载武器理论研究和应用的科研人员、工程技术人员以及高等院校相关专业的高年级本科生和研究生具有重要的参考价值。

中国工程院院士　姜桁予

2015 年 4 月

前　言

　　论证是一种逻辑推理过程,是人们为了解决某个问题和达到某种目的,按一定的推理规则对所提的论题进行一系列证明的过程,是一项为决策提供依据的咨询研究工作。评估是一种认知过程,也是一种决策过程。评估包含两层含义:一是"评",即对事物的客观价值做出严格、精确的考核、评价与鉴定;二是"估",即对事物的可行性、论证结果做出估价、估量和预测等。

　　以装甲车辆底盘为运输载体和发射平台的武器,即车载武器发展十分迅速。车载武器一般包括坦克炮、自行火炮、车载火炮、车载机枪、炮射导弹、反坦克导弹等。装备车载武器的装甲车辆有坦克、突击车、自行火炮、步兵战车、装甲输送车和导弹发射车等。车载武器论证就是围绕车载武器战术技术指标展开推理进而形成决策的行为,车载武器评估是指对典型车载武器在规定条件下满足特定任务需求程度以及作战效能的评价和估量。

　　目前,国内出版的论证与评估方面图书主要涉及武器装备型号论证和作战效能评估等内容,还没有针对车载武器的论证与评估进行全面介绍的专著。本书充分吸收了车载武器论证与评估的最新研究和应用成果,并结合了作者在车载武器论证与评估研究方面的工作积累,对车载武器在论证与评估方面最新方法进行了全面系统的归纳、总结和提炼。作者衷心期望本书的出版能对车载武器论证与评估领域的理论研究和实际应用起到积极的推动作用。

　　本书的特色在于系统完整,内容丰富,可操作性强。本书不仅涵盖了自行火炮、车载炮、炮射导弹、反坦克导弹、坦克炮等现役车载武器的论证与评估,而且涉及了某型遥控武器站等新型车载武器的论证与评估;不仅包含了车载武器的指标体系,而且介绍了指标论证方法、性能评估方法、效能评估方法以及论证评估案例等内容。本书将论证与评估理论方法与车载武器装备相结合,详细介绍了各种典型车载武器论证与评估所采取的方法及技术手段,可供专业技术人员参照实施。

　　本书以车载武器为研究对象,以指标论证和性能效能评估为主线,详尽而系统地介绍了典型车载武器的指标体系、指标论证方法、性能评估方法、效能评估方法以及论证评估案例等内容。全书共8章,包括绪论、坦克炮论证、自行火炮评估、车载炮评估、车载自动武器论证、车载导弹论证与评估、遥控武器站论证与评估、装甲底盘与火炮匹配性评估,各章既相互联系又各具独立性。

本书可作为从事武器系统研究、论证、设计和试验的科研人员以及相关领域工程技术人员的参考资料,同时可作为有关院校相关专业研究生和高年级本科生的教材。

本书得到了总装备部"1153"人才工程建设经费资助。本书在编写过程中得到了军委装备发展部办公厅王曙明研究员级高级工程师,陆军研究院炮兵防空兵研究所易群智高级工程师,吕爱民高级工程师,以及通用装备研究所刘振伟高级工程师等专家的帮助和指导。本书的编写和出版还得到陆军装甲兵学院兵器与控制系武器系统室全体同志以及国防工业出版社各级领导的大力支持和帮助,谨在此表示深切的谢意。

本书由毛保全、何嘉武、张金忠、魏曙光、李华、纪兵、常雷、苏忠亭、白向华、范栋、王之千、徐振辉、鲜志刚、杨志峰、吴东亚、李元超、郑博文、杨雨迎、高波、万智共同编写,全书由毛保全、纪兵、李元超统稿。

由于编者水平和经验所限,书中难免存在缺点和疏漏之处,恳请读者批评指正。

编著者

2020 年 12 月

目 录

第1章 绪 论

车载武器是我军目前陆军装甲装备中的主要装备。车载武器是指以装甲车辆为运输载体的武器,一般包括坦克炮、自行火炮、车载炮、车载小口径自动炮、车载机枪和车载反坦克导弹等。装备车载武器的装甲车辆包括坦克、步兵战车、装甲运输车、自行火炮、导弹发射车和突击车等。不同载体依据战术功能不同,装备的车载武器配置也不同:对坦克而言,车载武器有坦克炮和机枪及其弹药;对步兵战车而言,车载武器有小口径机关炮、机枪和反坦克导弹或炮射导弹;对装甲运输车,车载武器有外置机枪。随着战场形势的变化,装甲车辆的车载武器配置不是一成不变的,也在进行不断的调整。但是,不管配置如何调整,其基本组成还是各种口径的坦克炮和反坦克炮,反坦克武器一般是指火炮、机枪、小口径机关炮和反坦克导弹等。

车载武器作为武器装备的重要组成部分,随着科学技术的发展和新的作战需求的不断提出,车载武器的种类、数量和技术含量不断增加,相应的使用与管理也日趋复杂化。为了充分发挥车载武器的性能和效益,车载武器的论证与评估也应发展到更深入的层次。因此,面对车载武器发展和全面提高论证与评估质量的要求,迫切需要理论、方法、手段和工具上的支持。建立全面系统的车载武器论证与评估系统,开展指标论证和性能评估是一项重要的任务。

1.1 车载武器论证与评估的基本概念

1.1.1 车载武器站论证的概念

论证是指"通过推理的形式,证明论题和论据之间的逻辑关系"。论证是一种逻辑推理过程,是人们为了解决某个问题和达到某种目的,按一定的推理规则对提的论题进行一系列证明的过程,是一种为决策提供依据的咨询研究工作。论证由论题、论据和论证方法组成,是一个密不可分的有机整体。论证方法是将论题和论据联系起来的推理形式。论证一般通过现状调查、历史比较、未来预测等方法,运用科学的理论和手段进行系统综合分析,提出许多预选方案,进而选出优化方案,为决策者提供依据。从论证定义可以看出,它的服务对象是决策,

1

论证工作的成果主要用于进行科学决策。

由于在论证过程中只能对实施工作的主要环节进行预研,不可能对实施过程的各个阶段、各个环节进行预研,论证过程中就需要进行充分信息反馈,不断修改和完善。论证过程实质上是一个思维过程,其特点突出真实性,即它是用一个真实的判断去确定另一个判断,因而它不同于提出假设的思维过程,必须要有充分的调查、可靠的数据、必要的试验、客观的论证、比较系统的分析及切实的预测。

车载武器论证就是把人们在使用车载武器过程中提出的战术技术指标需求作为研究对象,围绕这个中心进行的推理进而形成决策的行为。决策者只有对车载武器的作战需求进行充分的论证,才能对车载武器的战术技术指标提出合理的要求,从而指导车载武器的发展方向。

1.1.2 车载武器评估的概念

评估作为人们把握事物的意义、价值的一种观念性活动,渗透于人类生活的各个方面。评估即评价和估量,包含两层含义:一是"评",即对事物的客观价值做出严格、精确的考核、评价与鉴定;二是"估",即对事物的可行性、结果进行论证做出估价、估量和预测等。

评估是为了决策,而决策需要评估。评估过程是一种认知过程,也是一种决策过程。综合评估是科学决策的前提,为人们正确认识事物、科学决策提供了有效的手段,已经得到了广泛的认同。

车载武器评估是指对各类车载武器在规定条件下满足特定任务需求程度的评估,是系统地分析完成车载武器作战任务能力的有利工具。评估涉及的内容很多,本书主要针对车载武器的效能和性能进行评估。效能评估是衡量车载武器装备在作战中发挥作用的有效程度,是车载武器体系发展研究的重要基础。性能评估是对车载武器具有满足规定的或隐含的能力要求的特征进行度量,是联系指标论证与效能评估的桥梁。

1.2 车载武器论证与评估的原则和要求

1.2.1 车载武器论证与评估的原则

车载武器论证与评估的原则是观察问题和处理问题的出发点和准绳,简单地说就是行为准则。论证与评估的原则是进行论证与评估应当遵循的基本依据。通过对车载武器论证与评估研究的多年实践经验的总结,目前对车载武器

论证与评估原则的认识基本趋于一致,主要包括以下几方面:

1. 必要性原则

必要性原则又可称为需求原则,是指论证的目标和内容必须根据实际需要,从需求出发,证明提出问题和解决问题的必要性。因此,需求分析是每一个论证课题所不可缺少的研究内容。

2. 可行性原则

可行性原则是对需求的一种约束。论证结果若不可行,则成为一纸空文。论证必须以可行为前提,在提出解决问题的各种方案时,要充分考虑其可行性。可行性原则一般包括以下几方面内容:

(1)技术可行性。首先,论证时要对国家的科学技术基础、已有的技术储备情况或近期可能获得的预研成果等进行认真的分析研究,使所提出的方案和要求在技术上经过努力有实现的可能性;其次,要考虑武器装备研制与生产的能力,这涉及国家的工业水平和管理水平,论证时应做详细的分析和比较。

(2)经济合理性。首先是从总体上分析国家的经济承受能力。从各国武器装备发展的经验证明,在很大程度上经济支付能力往往成为制约武器装备发展至关重要的因素。

(3)环境制约性。从环境和背景上研究对车载武器发展的制约因素,它是从更为广泛、复杂的制约关系等方面进行的可行性分析,这是一个需要仔细分析的因素。

(4)时间约束性。任何一项工程项目的完成都有一定的周期。特别是复杂武器系统的研制,为了保证质量,必须严格遵循科学的工作程序,给予必要的时间保证。

3. 先进性原则

先进性是一个相对概念,既包含时间因素,又包含复杂的综合性的技术和使用因素,比较难以掌握。在论证时主要应把握以下要点:

(1)战术技术性能先进。这是决定整个武器系统先进性的基础。论证时,在保持武器系统整体战术技术性能匹配协调的前提下,应有各自的特性,能以一技之长克敌制胜。因此,对每一项战术技术指标的论证都要着眼于技术的发展。

(2)合理利用高新技术。目前,用高新技术改进现有武器装备及用高新技术发展新型武器装备已成为世界各国军队所追求的基本原则和目标,这是从总体上讲的。但就每一种武器来说,对高新技术的需求并不完全相同,因而某一项高新技术是否需要用在某一种武器上,需要具体情况具体分析,做到合理利用。

(3)整体先进。整体先进有两层含义:一是装备总体、各武器系统、分系统或设备有科学的编配方案;二是所用的技术构成合理。有时会出现,同样都是现有技术,综合利用得好,就能获得整体上的先进;反之,就得不到好的结果。所以,合理综合也是一种科学创新。

(4)强调全面质量要求。现代武器装备的发展,必须强调全面质量,既要战术技术性能先进,又要可靠性、维修性、保障性好,还要安全性、经济性、标准化等方面达到性能要求,从而保证武器装备的战备完好性和任务成功性,这就是全面质量要求。

4. 经济性原则

经济性原则的核心问题是如何在保证满足效能要求的前提下,获得最大的经济效益。

(1)效—费比高。在投资强度(寿命周期费用)相同的条件下可能获得的作战效能最优,或者用尽可能少的投资获得尽可能高的作战效能。

(2)综合效益高。综合效益有两层含义:一是除本身价值外,在促进军事技术和武器装备发展方面带来的其他效益尽可能多;二是除经济效益高外,军事效益和社会效益尽可能的高。

5. 系统性原则

任何论证对象都是一个特定的系统。系统是指由若干要素按一定结构相互联系组成的具有特定功能的统一整体。它本身又存在于更大的系统内,与其他系统有输入与输出的关系,它们之间存在着相互联系、相互依赖、相互制约、相互作用的关系。进行科学系统地论证,就应该对论证对象的一切方面和一切联系进行全面地研究和综合地分析。

6. 标准化原则

论证中要运用标准化的理论和方法,指导各项实践活动,并且要把握好三方面:强烈的标准化意识、较高的标准化水平和突出"三化"要求。

7. 对比选优原则

论证是一种决策咨询工作,要为决策者提出多个可供选择的比较方案。对复杂的武器装备发展方案,要从经费、效能、进度(周期)及其他有关方面进行全面分析和综合比较,提出优选方案,供决策部门选择。

上面介绍的各项原则互相关联,相辅相成,在具体运用时,要从总体上综合考虑,避免过分强调一方,而忽视另一方的倾向,将片面性减到最低限度。还有其他一些原则,这里不再赘述。

1.2.2 论证与评估的要求

根据上述原则,车载武器论证与评估应满足以下要求。

1. 认真搞好需求分析

需求分析是根据论证与评估的特点和未来的目标,从需求出发,进行顶层设计,论述和证明所提问题和解决问题的必要性。需求分析是每一个论证与评估课题不可缺少的研究内容。不同的论证与评估内容,需求分析的内容和重点不同,论证与评估中应当根据实际情况,把握好自己的重点。

2. 充分考虑可行性

可行性既是对需求的一种约束又是一种支持。需求只有建立在可行性的基础上才有可能广泛应用,车载武器论证与评估的结果若不可行,则成为一纸空文。进行论证与评估必须充分考虑可行性,在提出解决问题的各种方案时,都要对可行性进行认真分析。可行性分析一般包括以下内容:

(1)技术可行性。首先,对本国的科学技术基础、已有技术储备情况或近期可能获得的研究成果等进行认真的分析研究,使所提出的方案在技术上有现实基础,或经过努力有实现的可能性;其次,考虑车载武器研制与生产的能力,这涉及国家的科技水平、加工水平和管理水平,论证与评估时应做详细的分析比较。

(2)经济可行性。经济可行性分析主要有两个方面:一是估算在一定时期内所需要的经费;二是从总体上分析国家的经济承受能力,在可行性分析中,经济可承受能力(或经济支付能力)占有很大比例。世界各国车载武器发展的历史经验证明,经济支付能力往往成为制约车载武器发展的重要因素。无论是经济强国,还是经济不发达的国家,在这一问题上都存在有共同规律,必须对这一点估计充分,否则就会造成一系列的不良后果。

(3)周期可行性。任何一项工程项目的完成都有一定的周期,特别是复杂武器系统的研制更为突出,有时长达 10 年或更多,而且研制成功后形成战斗力还需要一定的时间。这在车载武器站发展中已成为一种客观存在,不依人的意志而转移。在满足作战需求的前提下,为了保证质量,必须严格遵循科学的工作程序,对各个重要环节都应给予必要的时间保证。

3. 充分考虑先进性

先进性是一个相对概念,既包含时间因素,又包含复杂的综合性的技术和使用因素,比较难以掌握。在论证与评估时应主要把握以下要点:

(1)战术技术性能先进。这是决定整个车载武器系统先进性的基础。论证与评估时,在保持武器系统整体战术技术性能匹配协调的前提下,各个型号都应有各自的特长,这样才能以一技之长克敌制胜。因此,对每一种型号中各项战术技术指标的论证或者效能评估时,都要着眼于科学技术的发展和未来作战需求,体现时代特征。

（2）合理利用高新技术。目前,用高新技术改进现有武器装备及用高新技术 发展新型武器装备已成为世界各国军队装备建设所追求的目标和基本要求,这是从总体上讲的。但是就车载武器来说,对高新技术的需求并不完全相同,因而对某一项高新技术或多项高新技术是否都需要用在某一种车载武器上的问题,应根据具体情况进行具体分析,做到针对性强和合理利用。

（3）整体先进。整体先进有两层含义:一是车载武器系统、各分系统或设备有科学的编配方案,装备体制构成合理,协调发展;二是各型号所用的技术构成合理。有时会出现这种情况,同样都是现有技术,综合利用得好,就能获得整体上的先进;反之,就得不到好的结果。所以,对现有成熟技术的合理综合运用也是一种科学创新。

（4）全面质量保证。车载武器的发展,必须强调全面质量保证问题,既要做到战术技术性能先进,还要做到性能指标的长时期保持和发挥。这就要求可靠性、维修性、保障性好,还要求安全性、经济性、标准化等方面达到性能要求,从而保证车载武器的战备完好性和完成任务的成功性,这就是所谓的全面质量要求。

4. 充分考虑经济性

充分考虑经济性,是在经济可行性分析基础上的一种深化研究。经济性要求的核心问题是如何在保证满足车载武器作战效能要求的前提下获得最大的经济效益,其中包括以下两个主要方面。

（1）效—费比高。是指在投资强度相同的条件下可能获得的作战效能最佳,或用尽可能少的投资获得尽可能高的作战效能。

（2）综合效益高。综合效益有两层含义:一是除本身价值外,在促进军事技术和车载武器发展方面带来的其他效益也要尽可能多;二是除经济效益高外,军事效益和社会效益也要尽可能的高。

提高经济性的措施一般可以从两个方面进行:一是充分利用和继承同类或其他武器装备的成熟技术;二是合理利用国家资源,尽可能兼顾军民通用与平战结合。

5. 系统性要求

所谓系统,是指由若干要素按一定结构相互联系组成的具有特定功能的统一整体。任何一个特定系统它本身既是由若干分系统组成,同时在一定条件下又可以是更大系统的分系统,与其他系统有输入与输出的关系,它们之间存在着相互联系、相互依赖、相互制约、相互作用的关系。要进行科学的、系统的论证与评估,就应该对论证与评估的对象的一切方面和一切联系进行全面的研究和综合的分析,做好目标定位工作。在车载武器发展中,任何论证与评估的内容都是一个特定的系统,所以必须重视系统性。

6. 认真总结经验

论证与评估中要认清总结车载武器建设、管理和作战使用等实践活动中成功的经验和失败的教训,作为发展新型车载武器的继承和借鉴。这些都是能明显地体会到或看得见的,比较容易一些。但是,对于一些不易觉察到的、需要深入地开展研究之后才能逐渐明朗的问题,一般情况下是通过分析和评估的方法得到。例如,用定性与定量相结合的方法对已有车载武器的使用性能和作战效能进行评估。在此基础上,针对已有车载武器发展中的薄弱环节提出改进措施和科学合理的对策方案等,只有这样才能保证论证与评估中提出的各项结论和要求有牢靠的实践基础。

7. 充分利用先进的手段和科学方法

开展车载武器论证与评估,要充分使用先进的手段。例如,计算机等计算工具以及试验和模拟仿真设备,建立完善的实验室,使其配套齐全,运用科学合理的方法以满足论证与评估项目的要求。

8. 对比选优要求

论证与评估是一种决策咨询工作,任何一项论证与评估结束后,都要为决策者提出多个可供选择的方案。对复杂的车载武器发展方案:首先要从效能、进度(周期)和费用三者的风险及其他有关方面进行全面分析和综合比较;其次提出优选方案,供决策部门抉择。

应当指出,上述提出的各项要求是互相关联、相辅相成的。在具体运用时,要从总体上进行综合考虑,避免过分强调一方,而忽视另一方的倾向,将片面性减到最低限度。还有其他一些要求,这里不再赘述。

1.3　论证与评估的主要方法

论证与评估是车载武器发展建设中的一个重要组成部分,也是车载武器研制的前期工作。在我国,武器装备研制过程一般分为三个阶段,即论证阶段(含方案论证阶段)、实车研制阶段和定型阶段。由此可见,论证在车载武器发展中是极为关键的先行工作。它所研究的主要内容是对拟定的装备科研项目需不需要发展,发展成什么样的项目,以及怎样发展等问题,提出倾向性的意见及相应的实施措施,带有导向性和决策研究性。因此,论证结论的正确与否,可直接决定整个车载武器发展决策工作的成败。

论证工作的主要服务对象是上级决策部门,它运用可靠的数据和严密的逻辑推理预测未来,为决策者提供科学的依据;同时,它的成果(科学而先进的优化方案)又是车载武器发展建设工作的指导和依据。例如,通过论证确定的车载武器研制总要求(作战使用要求和战术技术指标),就是设计、制造、试验、定型、验收等工作共同遵循的基本依据。效能和质量评估是国防重大决策和科学研究的必要手段:一方面可以对当前车载武器系统的应用能力进行客观的评价;另一方面可以促进车载武器系统的发展建设。

在车载武器发展建设过程中的任何一项决策,都会涉及许多的复杂因素,不仅有技术上的问题,还涉及经济、政治等方面。如果想要提出科学的咨询建议,需要多方面人员和机构联合在一起,按照系统的组织和分工,进行系统的分析、研究和论证评估。从近年来的实际情况中可以得出,利用先进的手段、方法和技术进行论证与评估,并在更大范围内征询意见的做法,成为一种上升的趋势。车载武器论证与评估工作及其任务也逐步被赋予新的内涵和特点。同时,对如何开展车载武器论证与评估工作,采用什么样的论证与评估方法等均提出了更高的要求。这就需要从车载武器论证与评估工作的全局出发,以进一步深化车载武器论证与评估工作为目的,全面系统地研究论证与评估方法,并针对所要解决的问题,建立相应的论证与评估方法体系。

1.3.1 论证的主要方法

通用的论证方法可归纳为现状调查法、逻辑分析法、未来预测法、系统分析法和优选决策法。这五种方法相互联系,相关性很强,构成一个严密的推理程序,因而需要综合运用。

1. 现状调查法

调查现状、掌握有关资料和数据,也是论证工作中不可少的重要环节。调查研究中除了调查现实情况和收集已有的数据之外,还可以通过实车试验、论证性试验、作战演习或通过专门改装的试验车辆、试验台架进行专项试验研究,获取或验证一些必要的数据和资料。

2. 逻辑分析法

对已搜集的资料,运用逻辑推理的方法进行分类、类比、归纳与演绎、分析与综合等以总结历史经验教训、揭示研究对象的本质和规律,得到需要的结论和对策。

分类、类比就是搜集的资料按需要进行不同的分类、统计、计算等,把相同的和不同的问题做全面的分析比较,包括定性与定量相结合的分析比较,从中得出规律性的东西。

归纳和演绎是相辅相成的两种逻辑方法。归纳是把各种问题归纳起来,进行分析,以便得到需要的对策或证明所提出对策的正确性;而演绎则是根据公认的科学原理或归纳出的一般结论进行演绎推理来证明或推出有关结论。

分析与综合同样是把两个密切相关的逻辑方法,在分析的基础上进行综合,在综合的基础上进行全面分析,以展现事物不同的内在联系及规律。

逻辑分析的方法是进行论证研究中自始至终不可或缺的方法,要根据不同的任务,运用不同的逻辑方法,得出或证明需要的结论。

3. 未来预测法

所有的论证都是为未来事件的决策服务的,对未来事件采取的决策和方案及可能获得的效益、技术经济可行性以及可能达到的水平等,都需要进行科学的预测。预测研究在论证中是非常重要的,预测的可靠性在很大程度上取决于正确地选择科学的预测方法。经过多年的实践,车载武器论证在实际的论证过程中,形成了以下常用的预测方法:

1)专家预测法

专家预测法是以专家为索取信息的对象。组织各领域专家,通过直观地对过去和现在发生的问题进行综合分析,从中得出规律,对发展远景做出判断。该预测方法的最大优点是,在缺乏统计资料和数据情况下,可以做出定量估价。

专家预测法包括个人判断、专家会议法、头脑分类法和特尔斐法等几种。其中较为完善的是特尔斐法,它的基本方法是以不记名的方式通过几轮函询征求专家们的意见,预测领导小组对每一轮意见都进行统计处理,作为参考资料发给每一位专家,供他们分析判断,提出新的论证。如此多次反复(一般分为四轮进行)专家们意见渐趋于一致,结论的可靠性也越来越大。特尔斐法突破了传统的数量分析限制,为方便合理地制定决策开阔了思路。由于它对未来发展中各种可能的前景做出概率评估,因而可为决策者提供多方案选择的可能性。特尔斐法是目前在各种预测方法中应用最为广泛的一种。

2)探索性预测法

探索性预测法是一种主要立足于研究技术进步或方案的可能性而较少考虑其现实的保证条件和措施的预测方法,这种方法主要有以下几种:

(1)类推法。类推法的原理:当发现两种事件有某些基本相似之时,就可以揭示其他相似性;或者当发现一种事件的发生伴随另一事件时,就认为两种事件之间存在某些联系,由此进行类推。

(2)趋势外推法。趋势外推法通过大量技术过程的总结,发现很多事物的发展相对于事件有一定规律。根据这种规律(可以将其整理成数学模型)进行推导,从而预测未来。

(3)回归分析法。回归分析法是处理变量问题相关的一种方法,用来处理一个或一组变量来估计和预测与其有关系的随机变量的问题。

3）目标预测法

目标预测法是根据需要、可能和限制条件,由各领域的专家组成的专家组采用系统分析方法确定预测对象的发展方向和目标,研究围绕达到总目标应采取的措施和手段,并估计达到目标的可能性时间和顺序。常见的目标预测法包括以下几种:

（1）决策树法。当预测目标可以按照因果关系、复杂程度和从属关系分成等级时,可采取决策树法决策。决策树法的原理:如果决策对象作为一个整体系统必须满足一定的条件,则各个单元也必须满足相应的条件;如果每一级每一单元都能达到规定的目标,则最高级也可以达到既定的目标。

（2）形态模型法。形态模型法的原理:将决策对象和问题分解成相互独立的部分,对于解决每一部分的问题,都要找出最大数量的方法,对象和问题的总方案是各部分方案数总和;形态模型是一个由二维坐标组成的形态矩阵,纵坐标代表问题,横坐标代表方案。形态模型法主要用于解决平行结构的问题。

（3）决策矩阵法。决策矩阵法包括水平矩阵和垂直矩阵两种:水平矩阵用于定量分析决策和各种横向作用的关系;垂直矩阵则用于定量分析预测事件在垂直变迁中各级之间的相互作用。

以上几种方法都是用于定性分析和定量评估的,都属于"系统分析"法范围。其基本做法:首先,由专家对预测对象进行分析,围绕总目标提出一些具体要求,称为准则,同时把总目标分为若干级,每级包括一系列组成单元。其次,专家组根据每项准则对达到总目标的作用价值,以及每一单元对每一准则的重要性分别赋予一定权重,各准则的权重和各级单元权重应符合归一化原则。权重的选择采用成对比较法,为此应建立成对比较优先矩阵。最后,计算每一单元的相关系数,即每一单元相对于各准则权重分别乘准则权重,而后相加求和。相关系数越大,方案越优越重要。

（4）多目标决策的层次分析。层次分析法是运用较广泛的一种方法,其原理与以上方法类似,具体步骤包括:建立问题的递阶层次结构;构造两两比较判断矩阵;计算单一准则下元素的相对权重;判断矩阵的一致性检验;计算各层元素的组合权重。利用该方法可以方便地对总体优化方案和应采取的措施进行筛选;也可以对已有方案和装备进行优劣评价。

4）反馈性预测法

由于预测方法还不够健全,因而预测精度和可靠性只是相对的。在决策时对为其提供的预测还要进行评估,以便决定取舍,预测者也可以对自己的预测进行评估。目前,反馈性预测法有几种评估方法,其中最常用的是质问模型法,它包括以下四方面的内容。

（1）对需要的质问。主要是决定预测的目标和任务。

（2）对主要原因的质问。主要研究引起未来实物发生变化的因素。

（3）对适应性的质问。主要是对接受评估的预测进行研究。

（4）对置信水平的质问。主要包括:方法能否再现,推理形式是否矛盾? 假设是不是经过论证? 现有数据与假设性质是否相符? 数据是否精确?

经过以上质问后,就可以决定预测是否有益,是否可以采纳。

4. 系统分析法

武器装备论证是一个处理复杂系统的问题,应充分利用现代系统工程理论与各种方法。例如,规划论、对策论、网络法、模糊集理法、博弈论、系统仿真模拟等处理各种信息与资料,在分析研究的基础上,进行系统综合演绎推理,要特别注意定性分析与定量分析相结合。定量分析的质量是论证质量的重要表征之一,要充分利用现代计算机,如方案评估试验模拟等。计算机模拟的基本方法主要有以下几种:

（1）首先提出要研究的问题,确定效能指标,效能指标是指表征车载武器性能的某些参数。可用方案评估试验模拟来研究某些战术技术指标或方案参数对车载武器性能的影响,而作战模拟效能指标则是评价武器系统作战使用优劣程度的表征值,如战场对抗中敌我双方武器装备损失比、弹药消耗量、费效比、价值比、双方武器剩存比例等。

（2）拟定试验方案或战术想定。

（3）建立数学模型。

（4）收集、整理、研究分析和筛选确定各种所需数据。

（5）进行计算机编程、输入和调试。

（6）进行计算机模拟计算。

（7）进行多方案计算、分析比较和优选。

计算机模拟,实际上是用计算机代替实车试验和作战演习,具有更高的效率,有极大的经济性,而且不受地理和天气条件的限制,不受可能出现的多因素干扰,具有更大的可比性。

5. 优选决策法

优选决策是论证的最后步骤,要在以上论证研究的基础上,按照不同的需要和准则,如完善装备体制、费效分析等在多方案中进行综合比较,提出优选决策建议。

1.3.2 评估的主要方法

目前,国内外提出的评估方法已有几十种,总体上可归纳为定性法、定量法、定性与定量相结合的方法,各种方法各有优势,不可偏废。

1. 定性法

定性法也称经验判断法,是根据征询和调查所得的资料,并结合专家(智囊团队)的分析判断,对系统进行分析、评估的一种方法。例如,专家调查法是评估方法中非常普遍的方法。专家调查法是广泛征求有关专家的意见,在征求意见的过程中采取匿名的方式,并且专家之间不相互联系,经过反复多次的征询归纳和修正反馈,根据专家的综合意见,得出稳定评价意见作为结果的评价方法。

2. 定量法

定量法也称线性权重法,其基本原理是首先给每个准则分配一个权重,全部指标各项准则的得分与该项准则权重乘积的累加和为该评价客体的度量结果;其次通过对不同对象度量结果的比较,实现对客体的评价,典型的方法有功效系数法、综合指数法、数据包络分析法等。

数据包络分析法是以相对效率概念为基础,以凸分析和线性规划为工具的一种评价方法。它根据多指标投入和多指标产出对相同类型的单位进行相对有效性或效益评价,主要用于处理多目标决策问题。该方法应用数学规划模型计算比较决策单元之间的相对效率,对评价对象做出决策。数据包络分析法的主要特点如下:

(1)以决策单元格输入/输出的权重为变量,从最有利于决策单元的角度进行评价,从而避免了确定指标在优先意义下的权重。

(2)假设每个输入都关联到一个或者多个输入,而且输出/输入之间确定存在某种关系,使用该方法则不必确定这种关系的显示表达式。

(3)无须任何假设,每一输入/输出的权重不是根据评价者的主观认定,而是由决策单元的实际数据求得的最优权重排除了很多主观因素具有很强的客观性。

3. 定性与定量相结合的方法

定性与定量相结合的方法既有效地吸收了定性分析的结果,又发挥了定量分析的优势;既包含了主观的逻辑判断和分析,又依靠客观的精确计算和推演,从而使评估过程具有很强的条理性和科学性,能处理许多传统的最优化技术无法着手的实际问题,应用范围比较广泛。典型的方法有层次分析法(Analytic Hierarchic Process,AHP)、模糊综合评价法(Fuzzy Comprenensive Evaluation,FCE)、人工神经网络法(Artificial Neurae Network,ANN)和嫡权法。

1)层次分析法

层次分析法(AHP)是美国匹兹堡大学运筹学专家 T. L. Salty 于 20 世纪 70 年代提出的一种系统分析方法。1982 年,天津大学许树柏等将该方法引入我国,随后 AHP 的研究得到迅速发展,研究内容主要集中在判断矩阵、比例标度、一致性问题、可信度上。AHP 法是一种实用的多准则决策方法,该方法以其定性与定量相结合处理各种决策因素的特点,以及系统、灵活、简洁的优点,在我国得到了广泛的应用。

AHP 法是一种定性与定量分析相结合的多准则决策方法,将人们对复杂系统的思维过程数学化,将人的以主观判断为主的定性分析定量化,将各种判断要素之间的差异数值化,帮助人们保持思维过程的一致性。该方法是一种被广泛应用的确定指标权重的方法,也是一种经典的评估方法。AHP 法的主要特点如下:

(1)定性和定量分析相结合,是分析、评估多目标、准则的复杂系统的有力工具;

(2)思路清晰、方法简单、适用范围广;

(3)提供了较好的权重计算方法,具有很强的推广应用价值;

(4)AHP 法属于主观评估法,以专家打分的方式获得判断矩阵,评估结果具有较强的主观性;

(5)AHP 法最终的评估结果是通过指标评价值和权重乘积的累加得出,没有从系统角度综合描述系统的能力,无法解释和体现装备效能的整体特征。

2)模糊综合评价法

该方法是以模糊数学为基础,应用模糊关系合成的原理,将一些边界不清、不易定量的元素定量化,从多个元素对评价事物的隶属等级状况进行综合性评价的一种方法。其基本原理:首先确定对评价对象的因素集和评价集;其次分别确定各个因素的权重及它们的隶属度向量,获得模糊评价矩阵;最后把模糊评价矩阵和因素的权向量进行模糊运算并进行归一化,得到模糊综合评价综合结果。模糊综合评价法的主要特点如下:

(1)将模糊理论应用到效能评估中,较好地解决了系统效能评估存在的不确定性;

(2)该类评估结果既是对被评估系统的定量评估,也是优势定性评估;

(3)该方法数学模型简单,容易掌握,对多因素、多层次的复杂问题评判效果比较好;

(4)该方法的权重矩阵是人为给定的,具有较强的主观性。

3)人工神经网络法

基于人工神经网络的多指标综合评估方法通过神经网络的自学习、自适应能力和强容错性,建立更加接近人类思维模式的定性和定量相结合的综合评估模型。训练好的神经网络把专家的评估思想以连接权重的方式赋予网络,这样该网络不仅可以模拟专家进行定量评价,而且避免了评估过程中的人为失误。由于模型的权重是通过实例学习得到的,这就避免了人为计取权重和相关系数的主观影响和不确定性。人工神经网络法的主要特点如下:

(1)利用神经网络,形成具有高度泛化及非线性映射能力的综合评估模型,全面考虑影响系统安全的各种因素,有机结合定性、定量分析,能充分体现评估因素和评估过程的模糊性;

(2)利用人工神经网络方法自学习、自适应的特点,可使网络具有专家的评估知识和训练经验,并且可通过对以后的训练结果持续不断的学习,掌握新的样本模式中所蕴含的专家知识和经验,从而提高评估的准确性,并拓宽适用范围;

(3)BP神经网络在MATLAB的环境下进行预测具有运算速度快、容错能力和自学能力强等特点,可用于同类型装备的作战效能评估中,因此具有很好的通用性;

(4)该模型可以用简单硬件实现,可实现复杂电磁环境环境中的实时评估。

4)熵权法

利用熵的概念确定指标权重的方法称为熵权法,是一种客观的赋值方法,其出发点是根据某个指标观测值之间的差异程度来反映其重要程度。如果各被评估对象的某项指标的数据差异不大,则反映该指标对评估系统所起的作用不大。熵权法的主要特点如下:

(1)可以避免各评估指标权重的人为因素干扰,使评价结果更符合实际;

(2)通过对指标熵值的计算,可以衡量出指标信息量的大小,从而确保所建立的指标能反映绝大部分的原始信息,评判效果好。

1.4 车载武器论证与评估的现状与发展趋势

1.4.1 车载武器论证的现状及发展趋势

车载武器是我军目前陆军装甲装备中的主要装备。论证各类车载武器是我军武器系统发展的一项重要工作,其计划和方案的成败对国家军事威慑力和国家安全有很大的影响。车载武器指标论证是车载武器装备研制任务的开端,经论证确定的指标量值是工程设计的约束与目标。

目前,对车载武器指标论证来讲,英、美等军事大国已经达到了计算机辅助的智能化。例如,美国国防部系统所用的计算机作战模拟模型,已有一百多个,分别用于战略及常规部队分析、后勤问题分析、战斗态势及战术分析,以及武器系统性能的评定等,其中直接用于装甲车辆效能评定的也有多个。例如,卡莫奈特模型系列、TXM 坦克交换模型、TATS 坦克、反坦克模拟模型等。但是,由于涉及军事机密,因此对具体的论证技术和手段不能详细了解。出于各种原因,国内外对武器系统战术技术指标论证方面的直接报道甚少,但是国外论证武器装备的基本观点是很明朗的,即使用费用—效能法。

由于我国车载武器装备论证起步晚,底子薄,与国外相比,国内的车载武器论证过程多数还停留在基于传统的手工论证阶段,使用计算机整体的辅助支持系统进行指标论证也较少。例如,某军事院校开发了枪械的指标论证系统,但是由于技术不成熟,在实际应用过程中不能良好地完成论证目标。在我国军工企业现有设备资源条件下,进行车载武器论证,必须按照车载武器的作战使用要求,制定出合理的技术指标,通过先进的论证方法,论证技术指标的合理性,才能推动车载武器的发展。

因此,未来车载武器的论证首先需要建立一套快速、准确、科学的指标论证系统,特别是针对车载武器智能化、无人化的发展需求,采用集成化、模块化、智能化的设计理念,制定车载武器系统的功能和技术指标要求,依据这些要求再进行武器系统的方案详细设计和论证;其次开展实物的研发,通过实物的测试,论证武器的各项功能和技术指标能否满足设计要求;最后研发出一系列的先进车载武器系统,如智能武器站、异构无人察打系统等。这些先进的车载武器必将推动陆军装备的智能化发展。

1.4.2　车载武器评估的现状及发展趋势

车载武器评估是武器装备规划、研制、论证、配备和作战应用中的重要环节。自 20 世纪 60 年代开始,美国和苏联就投入了大量的人力和财力,对车载武器装备的作战效能进行研究,其研究成果大大促进了车载武器装备的发展。

我国对车载武器作战效能评估研究主要是在 20 世纪 70 年代中期以后开始,80 年代广泛开展。研究初期,我国车载武器评估主要采取作战能力指数法为主的评估方法,采用系统工程中的普查普测法(Surveys of Intentions and Attitudes,SIA)、小组会议法(Panel)、专家调查法(Delphi,德尔菲法)等分析方法。在研究过程中,经过对各种评估方法的对比分析,评估分析人员发现,作战能力指数法具有算法明确、使用方便以及综合性、可比性、统一性等优点,特别是对于装甲车辆等大型武器装备的综合作战能力评估,拥有其他方法不具备的宏观性和快速性优势,因而作战能力指数法在我陆军装备作战能力评估领域得到了广泛应用。20 世纪 90 年代以后,随着计算机技术和信息技术以及仿真理论和技术的飞速发展,仿真方法在车载武器装备作战能力评估中的应用越来越广泛,成为车载武器装备作战能力评估与分析的一种有效途径。

现阶段,国内典型的车载武器系统性能分析与评估体系,实际就是定型试验时采用的国军标。在武器论证、研制和监造过程中,需要对其性能进行分析评估时,基本都是以国家军用标准为依据,没有专门的评估体系。此外,在武器系统的评估指标体系和评估方法研究方面,国内基本上都是针对某一种车载武器系统的某一个具体性能。

潘玉田采用模糊德尔菲法对主战坦克的性能进行评估,将评估对象层次化,再让专家用语言变量评估各准则和指标,并将语言变量转化为梯形模糊数,该方法与其他评估方法结果相符,可以解决多目标和多准则评估问题。王进、周文学等采用灰色模糊理论对坦克武器系统的作战效能进行了评估。毛保全教授运用模糊综合评估及相关数学方法,通过定性与定量相结合,提出了基于 AHP 法确定指标权重的模糊综合评估方法,构造了顶置武器站性能模糊综合评估模型。

随着现代车载武器性能的复杂性不断提高,传统评估方法已经难以满足现代战争对车载武器总体作战效能评估的需求。如何科学合理地评估一种车载武器在战场上发挥的作用,仍是国内外武器评估的一大难题。未来开展车载武器评估必须结合车载武器智能化的发展特点,综合运用各种评估方法,进行车载武器性能和效能评估,评估内容也要朝着实战化方向发展,如开展车载武器作战贡献率评估。车载武器的作战效能的高低制约着装备在战场上的影响程度,进而影响车载武器系统的作战水平,研究车载武器作战贡献率的主要意义是在装备的服役期间,通过对车载武器作战评估率的评估,从整体作战系统中估算某一种车载武器的战场贡献程度,及时发现实际作战中可能出现的缺陷和问题,改善武器装备结构,提高武器作战性能、准确预判未来武器发展趋势,降低研制费用和减少项目风险。针对部队发展的实际情况,具体问题具体分析,采取有针对性的改进措施,为车载武器的改进提供科学的指导,促进车载武器评估体系的发展,进而提高车载武器的战斗力。因此,从提高车载武器战场作战水平的角度来看,评估车载武器的作战贡献率具有重要的宏观决策价值。

第 2 章　坦克炮论证

装备论证工作在装备寿命周期中占有举足轻重的地位。仅从费用的角度来讲,根据寿命周期费用帕莱托曲线,论证与确定初步总体技术方案费用只占装备寿命周期费用的3%,却决定了寿命周期费用70%的资金。在装备的全寿命周期,开展装备论证与性能评估工作将十分重要。本章主要从坦克炮基本性能指标、主要指标体系及主要指标常用的论证方法三方面进行阐述,均是坦克炮研制发展过程中不断总结和梳理的结果。应当指出,随着坦克炮性能的不断提升、技术的不断发展,坦克炮的论证与评估指标体系、方法也处于不断地丰富和完善发展中。

2.1　坦克炮战术技术指标

2.1.1　坦克炮主要战术技术指标

在坦克炮研制发展过程中,主要从以下性能指标进行论证:

(1)威力。威力是指在规定距离上火炮发射的弹丸命中目标或落入目标附近一定的范围内,对目标的毁伤能力,也有人称威力是火炮在战斗中能迅速而准确地歼灭、毁伤和压制目标的能力,由弹丸威力、远射性、速射性、射击密集度、射击精度等主要性能构成。威力是车载火炮,尤其是坦克炮的重要战术技术指标,威力大则对目标的毁伤概率高。

(2)口径。口径是指坦克炮内膛导向部的直径,口径有滑膛炮和线膛炮两种结构形式,滑膛炮的口径指的是导向部的基本值,线膛炮的口径指的是阳线表面直径的基本值。

(3)射击密集度。射击密集度是指火炮在相同的射击条件下,进行多发射击,弹丸的弹着点(炸点)相对于平均弹着点(散布)中心的密集程度。通常用距离中间偏差(或高低中间偏差)和方向中间偏差表示,射击密度影响战斗车辆射击的命中率。

射击密集度一般有以下两种:

千米立靶密集度：$E_y \times E_z$

地面密集度：E_x/X、E_z

（4）射程。射程是指在规定射击条件下，弹丸的最大弹道高等于给定目标高（一般取 2m）时的射击距离。有效射程是指在给定的目标条件和射击条件下，弹丸达到预定效力时的最大射程。

（5）质量。坦克炮质量是指全部组成要素状态下的质量。

（6）最大后坐阻力。最大后坐阻力是指坦克炮在后坐过程中，阻止后坐部分后坐的阻力最大值。

（7）极限后坐长。极限后坐长是指坦克炮发射时后坐部分后坐的行程最大值。

（8）身管寿命。身管寿命是指身管在弹道指标降到允许值或疲劳破坏前，当量全装药的射弹数目。

（9）战斗射速。战斗射速是指坦克炮在规定的射击条件下，平均每分钟发射的炮（枪）弹的数量（发）。

（10）使用要求。对坦克炮的使用要求是操纵轻便和使用方便，主要的使用要求如下：

① 战斗室内武器系统及其他装置布置紧凑、合理和乘员工作方便程度；

② 火炮俯仰、转动，以及其他装置动作平稳灵活，稳定精度高，反应速度快；

③ 驾驶操纵装置及武器瞄准机应布置合理和作用力适宜；

④ 火炮装填和击发轻便；

⑤ 具有保证工作安全的保险机构；

⑥ 战斗室内空气清洁；

⑦ 从车内向外观察的视野大；

⑧ 维护保养方便，调整修理部位要易于接近，在野外能快速进行更换总成，如豹Ⅱ坦克的动力和传动部分能在野外二十多分钟内就能更换完毕。

2.1.2　国外坦克炮主要性能

（1）主战坦克炮主要性能如表 2 - 1 所列。

表 2 - 1　主战坦克炮主要性能

主要性能　　　　　坦克炮型号	120mm 坦克炮	125mm 坦克炮
口径/mm	120	125
内膛结构	滑膛	滑膛

坦克炮型号 主要性能	120mm 坦克炮	125mm 坦克炮
身管长/mm	5300	6000
药室容积/L	10.65	13.6
装药形式	整装	分装
极限后坐长/mm	340	300
最大后坐阻力/kN	600	750
全炮质量/kg	3100	2600

（2）轻量化坦克炮主要性能如表 2-2 所列。

表 2-2　轻量化坦克炮主要性能

主要性能 坦克炮型号	最大后坐 阻力/t	极限后 坐长/mm	炮口制退器 效率/%	应用
德国 Rh120-30 式 120mm 坦克炮	30	500		25 吨级以上平台, 如 Boxer,Puma 等
德国 Rh120-20 式 120mm 坦克炮	20	500	35	25 吨级以上平台, 如 Boxer,Puma 等
瑞典 CTG120/L50 式 120mm 坦克炮	26	500	35	CV90120-T 轻型 履带式坦克,26t
意大利轻型 120mm 坦克炮	25	550		新型 8×8 轮式"半人马座" 坦克歼击车
法国 120FERL52 式 120mm 坦克炮	27	550		
美国 XM360 轻型 120mm 坦克炮				车载战斗系统

2.2　坦克炮论证指标体系

2.2.1　指标体系的构建原则

坦克炮论证指标体系的构建原则有以下四种:

（1）继承性原则。该原则是在现役坦克炮型号论证指标体系的基础上提出的,并结合了未来发展,对相关指标体系进行了优化、修改、补充和完善。

（2）系统性原则。坦克炮指标应充分考虑与系统的适应性,要能够适应、涵盖所有型号坦克的总体要求。

（3）规范性原则。火炮指标没有歧义、表述不清等现象,指标之间不冲突,指标名称、定义、表述方式规范。

（4）可验证性原则。火炮指标便于考核、试验和可验证。

2.2.2 指标体系框架

坦克炮的指标体系主要由基本要求层次下的主要战术技术指标与使用寿命、可靠性、维修性、互换性及环境适应性层次下的使用要求组成（表2-3）。

表2-3 坦克炮论证与评估的指标体系

序号	层次名称	指标名称	表征方式	备注
1	基本要求	口径及类型	××mm××炮	
2		药室容积	××L	
3		击发方式	机械击发,电击发,或机械、电双重击发	
4		配用弹种	能够发射××弹药	
5		射击密集度	立靶密集度：$E_y \times E_z \leqslant \times \times m \times \times m$	坦克炮
			地面密集度：$E_x/X \leqslant 1/\times\times, E_z \leqslant \times\times m$	榴弹
6		射程	最大射程$\geqslant \times \times km$	榴弹
			有效射程$\geqslant \times \times m$	
7		最大后坐阻力	$\leqslant \times \times kN$	
8		极限后坐长	$\leqslant \times \times mm$	
9		身管长	$\times \times mm$,或$\times \times$倍口径	
10		质量	$\leqslant \times \times kg$	
11		弹药装填方式及射速	自动、半自动、手动等方式,装填速度$\geqslant \times \times$发/min	
12	使用寿命	身管寿命	$\geqslant \times \times$发	
		火炮寿命	$\geqslant \times \times$发	车载自动炮
13	可靠性	平均故障间隔发数	$\geqslant \times \times$发	
		致命性故障间隔发数	$\geqslant \times \times$发	
14	维修性	部件更换时间	身管更换时间	
15	互换性	主要零部件应能互换	主要零部件应能互换	

2.2.3 指标体系说明

1. 口径及类型

（1）指标定义：口径是指内膛导向部的直径,有滑膛和线膛两种形式。

（2）制约因素：

① 根据作战任务选择火炮口径及相应的类型,一般从陆军火炮发展路线图中选取;

② 当现役陆军火炮口径不能满足作战任务时,通常以满足穿甲威力为基础论证新口径,或者在保证全军火炮口径不增加的情况下借用现役其他军兵种的火炮口径。

（3）指标度量：口径为××mm的××炮。

（4）参考标准：GJB 2977A—2006《火炮静态检测方法》。

2. 药室容积

（1）指标定义：药室容积是指内膛药室部分的自由容积。

（2）制约因素：

① 在选择了火炮口径的情况下,一般不改变药室容积,只有当现役药室容积不能满足作战任务时应在满足威力（一般为穿甲威力）的情况下论证新药室容积;

② 穿甲厚度、弹芯、弹托材料、火药力、发射药装填密度等因素决定了药室容积。

（3）指标度量：药室容积××L。

（4）参考标准：GJB 2977A—2006《火炮静态检测方法》。

3. 击发方式

（1）指标定义：击发方式是指击发弹药底火的作用方式,主要有机械击发、电击发等形式。

（2）制约因素：

① 新研的火炮、弹药系统一般采用电击发,其点火一致性、可靠性比较高;

② 为了实现弹药通用性要求,改进的现役火炮不能改变击发方式。

（3）指标度量：机械击发;电击发;机械、电双重击发。

（4）参考标准：GJB 2977A—2006《火炮静态检测方法》。

4. 配用弹种

（1）指标定义：配用弹种是指火炮能够发射的弹种。

（2）制约因素：

① 从作战需求出发,分析其作战时需要打击目标的性质和毁伤要求,提出其需要继承或发展的弹种;

② 研制新型号火炮尽可能发射现役弹药。

(3) 指标度量:配用弹种为××式坦克炮发射××弹。

(4) 参考标准:GJB 2977A—2006《火炮静态检测方法》;GJB 2973A—2008《火炮内弹道试验方法》;GJB 2974—1997《火炮外弹道试验方法》。

5. 射击密集度

(1) 指标定义:射击密集度是指在相同的射击条件下,弹丸的弹着点(炸点)相对于平均弹着点的密集程度。

(2) 制约因素:

① 射击密集度是保证射击精度的重要指标,对于以直瞄精确打击的坦克炮显得更加重要,应最大程度地减小射弹散布、提高射击密集度;

② 影响射击密集度的因素复杂,包括跳角散布、初速散布、空回、弹形系数误差等因素,有设计出来的,有加工误差引起的,因此目前没有定量的分析方法,基本上都是采取对比分析确定该项指标的具体要求。

(3) 指标度量:一般有两种指标度量方式。

① 立靶密集度:对点目标实施精确打击的坦克炮宜采用该度量方式,一般用千米立靶密集度及其公算偏差表示,即

$$E_y \times E_z \leqslant \times \times m$$

② 地面密集度:对面目标实施打击的车载榴弹炮采用该度量方式,一般用一定距离或一定射角情况下的地面密集度表示,即:

$$E_x/X \leqslant 1/\times\times, E_z \leqslant \times \times m$$

(4) 参考标准:GJB 2974—1997《火炮外弹道试验方法》。

6. 射程

(1) 指标定义:射程是指弹丸或飞行弹体从炮口到落点间的水平距离。对于坦克炮来说,有最大射程、有效射程和直射距离等几种指标方式。

最大射程是指在标准条件下,初速和弹丸或弹头一定时,弹丸或弹头所能达到的最大射程;有效射程是指在规定的目标条件下,弹丸或弹头达到预定效力时的最大的射程;

直射距离是指在最大弹道高等于一定距离时的射击距离。在直射距离内射手可以不改变射角(固定表尺)进行连续发射,也能够保证一定的射击准确度,这就简化了瞄准操作,提高了对目标射击的速度。直射距离对于只配有普通瞄准装置的地面直射火炮来说具有一定的实际战术意义,对于配有现代火控的火炮来说意义不大,因此在模块中去掉了该项要求。

（2）制约因素：

① 足够的射程是保证火炮打得上的必要条件,对于具备间瞄射击能力的火炮此项指标更有实际意义;

② 高初速、大射角是实现该项指标的主要因素。

（3）指标度量：

① 最大射程≥××m;

② 有效射程××m。

（4）参考标准:GJB 2974—1997《火炮外弹道试验方法》

7. 最大后坐阻力

（1）指标定义:最大后坐力是指火炮在后坐过程中,阻止后坐部分后坐的阻力最大值。

（2）制约因素：

① 平台的质量决定了火炮的最大后坐阻力,轻量化的装备需要更小的最大后坐阻力;

② 在发射相同弹药时:后坐部分的质量越大,最大后坐阻力越小;反后坐装置的工作效率越大,最大后坐阻力越小;炮口制退器及其工作效率也是影响最大后坐阻力的重要制约因素;

③ 不同弹药的最大后坐阻力不同,炮口动动越大最大后坐阻力越大。

（3）指标度量:最大后坐力≤××kN。

（4）参考标准:GJB 2970—1997《火炮动态参数测试方法》。

8. 极限后坐长

（1）指标定义:极限后坐长是指火炮发射时后坐部分后坐的行程最大值。

（2）制约因素：

① 通常为了减小最大后坐阻力会适当增加极限后坐长,但需要满足总体约束条件;

② 发射低膛压炮射导弹的火炮,极限后坐长太短,可能造成不抛壳,因此不能太短。

（3）指标度量:后坐长≤××mm。

（4）参考标准:GJB 2970—1997《火炮动态参数测试方法》。

9. 身管长

（1）指标定义:身管长是指身管两端面的距离。

（2）制约因素包括实现一定初速的设计值,在装药量和火药力相同的情况下,初速越高,需要的身管越长。

（3）指标度量:身管长××mm。

（4）参考标准：GJB 2977A—2006《火炮静态检测方法》。

10. 质量

（1）指标定义：质量是指包括火炮全部组成要素状态下的质量。

（2）制约因素：

① 在满足一定射击密集度的条件下，通过结构优化尽量减轻火炮全质量，以提高整车的机动性，但后坐部分质量减轻时，后坐阻力会变大，耳轴、车体等会承受更大的作用力；

② 总体设计时决定质量，通过结构优化、采用高性能材料可以粗略估计火炮质量，以后逐步精确。

（3）指标度量：质量≤××kg。

（4）参考标准：GJB 2977A—2006《火炮静态检测方法》。

11. 弹药装填方式及射速

（1）指标定义：

① 弹药装填方式是指弹药从弹药架到炮膛的输送方式，有自动装填、半自动装填和手动装填三种方式；

② 射速是指火炮对同一个目标进行射击，平均每分钟能发射炮弹的数量。

（2）制约因素：

① 缩短射击反应时间是实现先敌开火、快速射击的必要条件，是作战的重要战技指标，因此尽量采用自动装填来提高装填速度；

② 配有自动、半自动装填机构是火炮实现自动、半自动装填的基础，可以保证具有较高的射速，手动装填则由弹药质量、弹药布置的合理性及装填手的熟练程度等因素制约。

（3）指标度量：

① 装填方式为自动装填、半自动装填、手动装填；

② 射速××发/min。

（4）参考标准：目前还没有可供参考的标准。

12. 使用寿命

（1）指标定义：使用寿命是指包括身管寿命和全炮寿命两种：身管寿命是指在弹道指标降到允许值或疲劳破坏前，当量全装药的射弹数目；全炮寿命包括烧蚀寿命和疲劳寿命两种形式；车载自动炮还有全炮寿命要求。

（2）制约因素：

① 耐烧蚀、抗疲劳的身管是具备持续打击能力的重要条件，因此需要尽可能高的使用寿命；

② 采用高应力炮钢材料、自紧、内膛表面镀铬等技术，可以保证火炮具备比

较高的使用寿命。

（3）指标度量：

① 身管寿命≥××发；

② 全炮寿命≥××发。

（4）参考标准：GJB 2975—1997《火炮寿命试验方法》；GJB 4075—2000《火炮身管规范》。

13. 可靠性

（1）指标定义：可靠性是指在规定的条件下、规定的时间内，火炮保持规定性能的能力。

火炮可靠性通常用平均故障间隔发数、致命性故障间隔发数指标来衡量。平均故障间隔发数是指在规定条件和规定射弹数内，产品的故障总数除以射弹总数；致命性故障间隔发数是指引起不能正常发射及危害人员和火炮安全的事件，如不开闩或涨膛、自行击发、后坐过长等。

（2）制约因素：

① 火炮可靠性需要满足整车可达可用度的要求；

② 优化火炮总体及各部件设计，精密加工质量可保证火炮较高的可靠性。

（3）指标度量：

① 平均故障间隔发数≥××发；

② 致命性故障间隔发数≥××发。

（4）参考标准：GJB 899A—2009《可靠性鉴定与验收试验》；GJB 1990A—2009《装备可靠性维修性保障性要求论证》。

14. 维修性

（1）指标定义，维修性是指按规定的程序和方法进行修理后保持原定状态的能力。

（2）制约因素：

① 火炮可维修是保证持续打击能力的重要条件，在最短的时间内具备修复、更换损坏部件的能力，主要指身管的更换时间；

② 身管与炮尾直接以断隔螺的连接技术是保证缩短更换身管时间的必要条件。

（3）指标度量：身管更换时间≤××h。

（4）参考标准：GJB 2977A—2006《火炮静态检测方法》。

15. 互换性

（1）指标定义：互换性是指在保持性能的前提下，火炮同一种型号之间部件能够交换装配的能力。

（2）制约因素：

① 互换性是维修性的基础和前提，因此为了使损坏的火炮快速恢复战斗力，其主要部件和易损件需要具备互换的能力，如身管、闩体等；

② 互换性取决于产品结构设计和加工技术。

（3）指标度量：一般采用定性描述。

（4）参考标准：GJB 2977A—2006《火炮静态检测方法》。

2.2.4 规范说明

1. 指标规范说明

在以往的装备研制过程中，坦克炮基本上以分系统随大系统立项研制，较少作为独立系统单独开展研制。因此，在构建坦克炮的战术技术指标体系过程中：一方面需要强调坦克炮火炮战术技术指标及使用要求的独立性，如口径、质量、使用寿命、可靠性和最大后坐阻力等；另一方面也需要注重作为装备分系统与其他系统的关联性和完整性，如射击密集度、极限后坐长、射界及战斗射速等。

2. 指标使用建议

坦克炮论证与评估指标使用建议如表 2-4 所列。

表 2-4 坦克炮论证与评估指标使用建议

序号	层次名称	指标名称	适用范围	
			立项综合论证	研制总要求论证
1	基本要求	口径及类型	▲	▲
2		药室容积	▲	▲
3		击发方式	▲	▲
4		配用弹种	○	▲
5		射击密集度	○	▲
6		射程	○	○
7		最大后坐阻力	○	▲
8		极限后坐长	○	○
9		身管长	▲	▲
10		质量	○	▲
11		弹药装填方式及射速	▲	▲
12	使用寿命	身管寿命	○	▲
		火炮寿命	○	○

序号	层次名称	指标名称	适用范围	
			立项综合论证	研制总要求论证
13	可靠性	平均故障间隔发数	○	○
		致命性故障间隔发数	○	○
14	维修性	部件更换时间	○	▲
15	互换性	主要零部件应能互换	○	▲
注：▲必选指标；○可选指标				

2.3 坦克炮主要指标论证方法

根据我国坦克炮多年的研制经验，主要指标论证方法有以下几种：

2.3.1 威力

1. 满足赋予新型坦克炮的威力需求

对新型坦克炮而言：首先应该通过坦克装甲车辆的总体论证；其次明确该坦克装甲车辆的作战对象及该对象的装甲防护性能。如果这些目标的防护是由复合装甲组成，应换算成与其抗弹能力相当的均质装甲。因此，坦克炮的威力首先要求使穿甲弹穿透作战对象，使坦克装甲车辆与它的作战对象相抗衡，应当要求新型坦克炮在常用的作战距离上能有效地击穿它。其他弹种的威力是在满足穿甲弹约束情况下的威力值。

2. 实现威力需求的技术可行性

从赋予坦克装甲车辆的威力需求论证新型坦克炮应具有的威力性能。从国内的科学水平出发，能否实现这些要求，必须进行技术可行性分析。以论证新型坦克炮的穿甲威力为例，一般采用的步骤如下：

（1）计算穿透某一预订目标的极限穿透速度。目前，现在基本上都按照德马尔经验公式计算极限穿透速度，即

$$v_c = K \frac{d^{0.75} b^{0.7}}{m^{0.5} \cos\alpha}$$

式中：v_c 为极限穿透速度；K 为穿甲弹系数；d 为飞行弹体直径；b 为靶板厚度；α 为靶板法向角；m 为飞行弹体质量。

上述穿甲公式参数的内涵：靶板厚度 b、靶板法向角 α 为定值；穿甲弹系数 K

与靶板材料和飞行弹体有关,在进行穿甲弹论证设计时均按照经验数值作为输入值;飞行弹体直径 d,飞行弹径太细,消极质量过高,弹道效率没有得到有效利用,飞行弹径过大,虽然消极质量很小,但飞行弹质量 m 过大,弹形变差,同样没有使用价值,因此飞行弹体直径 d 仅仅在一定范围内有意义,其值是通过假设长径比一定情况下取一系列直径取的最优值;极限穿透速度 v_c 和飞行弹体质量 m 在假设一系列弹径 d 的情况下,应用不同的弹托材料,相应地有一系列弹丸质量、飞行弹体质量 m、弹托质量、极限穿透速度 v_c、穿甲距离和炮口动能等参数,在满足威力指标的情况下,通过分析,择优出在这一系列弹径下的极限穿透速度 v_c 和飞行弹体质量 m。另外,通过以上的分析,确定极限穿透速度 v_c(或者初速)和弹丸质量是择优过程的结果,是在满足威力指标下的一个输出值之一。

（2）计算作战距离上击穿预定目标时常温条件下的初速 v_0。计算常温条件下的初速 v_0 一定要满足在装备的所有使用环境温度下,一般情况下药温处于低温时速度小,为了能在低温时仍能有效击穿预定目标,要求常温时应具有的初速为

$$v_0 \geq v_c + \Delta v_x + \Delta v_{-40℃}$$

式中:v_0 为炮口初速;v_c 为极限穿透速度;Δv_x 为作战距离的速度降;$\Delta v_{-40℃}$ 为 $-40℃$ 的速度降;Δv_x 和 $\Delta v_{-40℃}$ 为根据同类弹速度降的估计值。

（3）假设一些参数,进行不同方案的内弹道计算,根据满足初速要求的方案进行评估。在满足初速要求的条件下,下面一些参数也要满足总体约束和作战使用要求。

① 药室容积。现役坦克炮的内膛结构都是仿制苏联和西方的设计完成的,当现役坦克炮的药室容积不能满足装甲车辆的威力需求时,就需要进行新型坦克炮内膛设计和装药结构的论证与设计。

坦克炮药室容积基本遵循下面的设计方法,如图 2 - 1 所示。

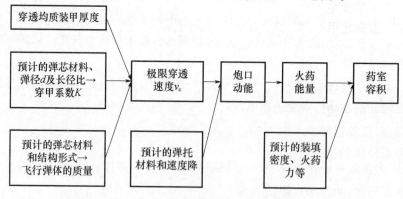

图 2 - 1 坦克炮药室容积设计流程图

如果没有自动装弹机,药室容积和底缘直径不能太大,否则作战使用时装弹比较困难。

② 身管长。增加身管长度是为了提高初速,但是身管过长将影响火力机动性。

③ 最大膛压。最大膛压取决于炮钢的材料、冶炼技术及身管制造工艺。

④ 弹药长。首先要满足车辆或自动装弹机的总体要求,过长、过重不便于手工装填。

⑤ 火药力。在最大膛压的约束下,尽可能采用高的火药力。

⑥ 装填密度。为了提高初速,在一定药室容积和火药力的情况下,要求尽量增大装填密度。

2.3.2　口径

口径是坦克炮内膛导向部的直径,有滑膛炮和线膛炮两种结构形式,滑膛炮的口径是指导向部的基本值,线膛炮的口径是指阳线表面直径的基本值。

根据作战用途的不同选择对应的坦克炮类型,同一类型坦克炮根据赋予的作战任务、装甲车辆对坦克炮威力的需要选择适当的口径。在满足威力要求的情况下,坦克炮口径尽量从已有的或计划的口径系列选取。

当现有的坦克炮口径不能满足作战使用时,必须论证更大的坦克炮口径。新口径必须满足坦克炮威力的需要。在坦克炮威力论证中,假设对不同的口径进行计算,可能有许多种口径都能满足威力要求。在这种情况下,应充分考虑坦克总体对坦克炮提出的要求,如后坐力、体积和质量要求等。

2.3.3　射击密集度

射击密集度是火力系统的一个重要指标,是指弹着点相对平均弹着点的散布程度。根据装甲车辆武器类型的不同,分为立靶密集度和地面密集度,通常采用中间误差表示。

一般情况下,论证确定射击密集度有两种方法。

(1) 根据总体要求确定。从总体要求的首发命中率出发,假设与射击有关的各项误差的数值。立靶密集度假设高低和方向的射击密集度相等,运用概率论的原理,反算出所要求的立靶密集度。这种方法是建立在除射击密集度外其他误差有公认的比较确切值的基础上。如果火控系统也是新研制的,其本身的许多误差都很难确定的情况下,不宜用此方法确定所要求的火力系统射击密集度。

(2) 用类比的方法确定。参照现有坦克炮能达到的射击密集度指标,同时结合当前国内的技术水平确定。

2.3.4 射程

射程是指弹丸或飞行弹体从炮口到落点间的水平距离,有最大射程、有效射程和直射距离等几种指标。

最大射程是指在标准条件下,初速和弹丸或弹头一定时,弹丸或弹头所能达到的最大射程。有效射程是指在规定的射击条件和目标条件下,弹丸达到预定效率的最大值。直射距离是指在最大弹道高为目标高(一般 2m)时的射击距离。

对于坦克炮来说,其最大射程一般是指在最大射角下杀爆弹的射程。国军标定义的有效射程包含的不确定因素决定了很难定量分析,目前一般指火控系统的解算距离,车载自动炮火控系统的解算距离不小于 2000m,坦克炮火控系统的解算距离不小于 4000m。在直射距离内射手可以不改变射角(固定表尺)进行连续发射,也能够保证一定的射击准确度,这就简化了瞄准操作,直射距离的计算公式为

$$x = kv_0\sqrt{y}$$

式中:x 为直射距离;v_0 为坦克炮初速;y 为目标高;k 为以 x_0、c 为头标的系数,可以在有关的性能表中查询。

2.3.5 质量

坦克炮的质量是指全部组成要素状态下的质量。在满足一定射击密集度的条件下,通过结构优化尽量减轻全质量,以提高整车的机动性。但是,在后坐部分质量减小时,后坐阻力会变大,耳轴、车体等会承受更大的作用力。总体设计时决定质量,通过结构优化、采用高性能的材料可以粗略估计坦克炮的质量,以后逐步精确。

2.3.6 最大后坐阻力

最大后坐阻力是指坦克炮在后坐过程中,阻止后坐部分后坐的阻力最大值。

(1)平台的质量决定了坦克炮的最大后坐阻力,轻量化的装备需要更小的最大后坐阻力。

(2)在发射相同弹药时:后坐部分的质量越大,最大后坐阻力越小;反后坐装置的工作效率越大,最大后坐阻力越小;炮口制退器及其工作效率也是影响最大后坐阻力的重要制约因素。

（3）不同弹药的最大后坐阻力不同,炮口动能越大最大后坐阻力越大。

2.3.7 极限后坐长

极限后坐长是指坦克炮发射时后坐部分后坐的行程最大值。

（1）通常为了减小最大后坐阻力会适当增加极限后坐长,但是需要满足总体约束条件。

（2）发射低膛压炮射导弹的坦克炮,极限后坐长太短,可能造成不抛壳,因此不能太短。

2.3.8 身管寿命

身管寿命是指身管在弹道指标降到允许值或疲劳破坏前,当量全装药的射弹数目。根据射击使用过程中身管失效条件的不同,一般用两种方法衡量身管寿命:一是烧蚀寿命;二是疲劳寿命。内膛不断烧蚀与磨损,将影响弹丸的正常运动,最终使弹道性能不能满足战术要求,此时所对应的射弹总累计数,即为身管的烧蚀寿命。身管经过实弹射击,膛壁上就产生细小的裂纹,继续射击,裂纹沿膛壁径向扩张,当某部分裂纹深度达到一定程度时,导致管壁突然断裂破坏,此时对应的射弹总累计数称为身管疲劳寿命。

从部队作战使用角度出发,如果坦克炮身管寿命太低,将给部队带来许多问题:一是坦克炮应有性能丧失很快,实际上就是降低了部队的作战效能;二是频繁更换身管不但给经济上带来沉重负担,而且需要更换身管的坦克炮不能投入战斗,影响部队的战斗力,同时增加了对战时修理的负担;三是大量备用身管要运往前线,给后勤供应带来更大的困难。从部队使用出发,需要有更高的坦克炮身管寿命。但是,它受到技术水平的限制,因此在论证中既要考虑部队使用的需要,又要考虑技术实现的可行性,提出符合实际的身管寿命指标。

根据国内一些单位对某高膛压坦克炮身管所做的试验表明,身管的疲劳寿命远高于烧蚀寿命。如果没有特殊要求,烧蚀寿命贯彻常规兵器定型试验中规定的标准,定型试验的标准有以下几种。

（1）初速下降的百分数超过规定值。坦克炮、战车炮一般不超过5%。

（2）射击密集度超过规定值。高低和方向公算偏差的乘积超过规定指标的8倍。

（3）引信连续瞎火或弹丸早炸。膛压下降致使一定百分数的弹丸在膛内不能解脱引信保险装置或引信连续瞎火大于2发,或出现早炸或近弹时。

（4）对于线膛炮而言,发射时弹丸的弹带被削平或出现横弹、近弹、早炸等情况。因膛线烧蚀磨损严重,弹丸启动后得不到导转;即使运动到完好的膛线时,由于运动速度大而出现弹带顶部被阳线削光,弹丸不能获得所必需的转速而出现横弹、近弹,表明身管寿命终止。

2.3.9 射速与装填方式

射速是指坦克炮对同一个目标进行射击,平均每分钟能发射炮弹的数量。装填方式是指弹药从弹药架到炮膛的输送方式,有自动装填、半自动装填和手动装填三种方式。

（1）缩短射击反应时间是实现先敌开火、快速射击的必要条件,是作战的重要战术技术指标,因此尽量采用自动装填来提高装填速度。

（2）配有自动、半自动装填机构是坦克炮实现自动、半自动装填的基础,可以保证具有较高的射速,手动装填速度则由弹药质量、弹药布置的合理性及装填手的熟练程度等因素制约。

2.3.10 使用要求

（1）安全性。坦克炮有足够的强度,以保证射击时的安全性;不允许有炮尾焰;炮口冲击波不能太大,以免使外部设备受到破坏。

（2）维修性。坦克炮可维修是保证持续打击能力的重要条件,在最短的时间内具备修复、更换损坏部件的能力,主要指身管更换的快速性、反后坐装置拆装的方便性等要求。

（3）互换性。为了使损坏的坦克炮快速恢复战斗力,其主要部件和易损件需要具备互换的能力,如身管、闩体等。因此,互换性是维修性的基础和前提,互换性取决于产品结构设计和加工技术。

（4）可靠性。坦克炮可靠性需要满足整车可达可用度的要求,优化坦克炮总体及各部件设计、精密加工质量可以保证坦克炮较高的可靠性。

（5）勤务性。实现武器操作的轻便性、方便性的要求。

第 3 章　自行火炮评估

自行火炮包括功能相互关联的武器系统、车载设备、自动化指挥设备和综合保障设备,这些功能相互关联的自行火炮和技术保障设备组成了自行火炮综合体。自行火炮综合体作战使用效能很大程度上取决于其使用性能,对自行火炮综合体作战效能有直接影响的是其作战准备性,如射击准备时间、自行火炮装备完好性程度等。因此,分析研究自行火炮综合体使用质量指标对其效能的影响具有重要的理论和现实意义。

3.1　自行火炮作战效能评估方法

3.1.1　层次分析法

1. AHP 法的基本思想

AHP 法主要思想是根据研究对象的性质将要求达到的目标分解为多个组成因素,首先按因素间的隶属关系,将其层次化,组成一个层次结构模型;其次按层分析;最后获得最低层因素对于最高层(总目标)的重要性权值,或进行优劣性排序。AHP 法把一个复杂的无结构问题分解组合成若干部分或若干因素(统称为元素),如目标、准则、子准则、方案等,并按照属性不同,把这些元素分组形成互不相交的层次。上一层次对相邻的下一层次的全部或某些元素起支配作用,这就形成了层次间自上而下的逐层支配关系,这是一种递阶层次关系。在AHP 法中,递阶层次思想占据核心地位,通过分析建立一个有效合理的递阶层次结构对于能否成功地解决问题具有决定性的意义。

2. AHP 法的基本步骤

(1) 分析系统中各因素之间的关系,将研究的系统划分为不同层次,如目标层、准则层、指标层、方案层、措施层等。

(2) 对同一层次中各因素相对于其上一层因素的重要性进行两两比较,构造权重判断矩阵。

(3) 由判断矩阵计算得到各指标的权重,并进行一致性检验。

(4) 计算各层元素对系统目标的合成权重,并进行排序。

3. AHP 法的计算方法

假设研究目标对象的因素集合划分为三个层次:目标层 A、准则层 C 与措施层 P。下面讨论 AHP 法的分析计算过程。

1) 确定指标权重标度

为了将各指标之间进行比较并得到量化的判断矩阵,引入 1~9 标度,如表 3-1 所列。

表 3-1　AHP 法指标权重标度

值	意义
1	指标 i 与 j 指标同等重要
3	指标 i 略微比 j 指标重要
5	指标 i 明显比 j 指标重要
7	指标 i 当然比 j 指标重要
9	指标 i 绝对比 j 指标重要
注:值为 2、4、6、8 时可以使用其他中间值; 　　若指标 i 不如指标 j 重要,取值为 $1/v$,v 为 $1~9$	

2) 构造层次模型的权重判断矩阵

对于三层指标结构,存在两种类型的判断矩阵:目标—准则判断矩阵与准则—措施判断矩阵。目标—准则判断矩阵主要用于计算准则层的各个指标的相对权重;准则—措施层判断矩阵主要用于计算某准则下的各个措施层指标之间的相对权重。

两类判断矩阵的形式相同,只是层次不同,可表示为

$$\boldsymbol{A} = \begin{bmatrix} a_{1,1} & a_{1,2} & \cdots & a_{1,n} \\ a_{2,1} & a_{2,2} & \cdots & a_{2,n} \\ \vdots & \vdots & & \vdots \\ a_{n,1} & a_{n,2} & \cdots & a_{n,n} \end{bmatrix} \tag{3-1}$$

式中:$a_{i,j}$ 表示指标 a_i 相对于 a_j 指标的相对权重。

3) 指标权重计算与一致性检验

AHP 法的指标权重计算问题,可归结为判断矩阵的特征向量和最大特征值的计算,主要方法有方根法、和积法、幂法等,方根法的计算步骤如下:

步骤 1:计算判断矩阵 $\boldsymbol{R}$ 的每一行元素的乘积,即

$$M_i = \prod_{j=1}^{n} B_{ij}, i = 1, 2, \cdots, n \tag{3-2}$$

步骤2:计算 M_i 的 n 次方根,即

$$\bar{\omega}_i = (M_i)^{\frac{1}{n}}, i = 1, 2, \cdots, n \qquad (3-3)$$

步骤3:对 $\bar{\omega}_i$ 进行归一化处理,即

$$\omega_i = \frac{\bar{\omega}_i}{\left(\sum_{i=1}^{n} \bar{\omega}_i\right)}, i = 1, 2, \cdots, n \qquad (3-4)$$

则所求权重向量 $\boldsymbol{w} = [w_1, w_2, \cdots, w_n]^T$。

步骤4:计算判断矩阵 $\boldsymbol{R}$ 的最大特征值 λ_{max}:

$$\lambda_{max} = \sum_{i=1}^{n} \frac{[\boldsymbol{R}_w]_i}{n w_i} \qquad (3-5)$$

式中:$[\boldsymbol{R}_w]_i$ 为向量 $\boldsymbol{R}_w$ 中的第 i 个元素。

由于人们对复杂事物的各因素采用两两比较时,不可能做到完全一致的度量,存在一定的误差。因此,为了提高权重评价的可靠性,需要对判断矩阵做一致性检验。

一致性检验的算法为

$$CI = \frac{\lambda_{max} - n}{n - 1} \qquad (3-6)$$

式中:n 为矩阵的维数,实际为同一个矩阵指标的个数;λ_{max} 为矩阵的最大特征值。

当矩阵维数较大时,一致性指标还需要加以修正,其算子为

$$CR = \frac{CI}{RI} \qquad (3-7)$$

式中:RI 为修正因子,针对不同维数其取值见表3-2。

表3-2 修正函数表

维数	1	2	3	4	5	6	7	8	9
RI	0	0	0.58	0.96	1.12	1.24	1.32	1.41	1.45

由于当指标维数小于三维时,判断矩阵是很容易做到完全一致的。故不需要计算一致性指标。

在通常情况下,当 CR < 0.1 时,认为该矩阵满足一致性要求。

4)综合权重的计算

依据上述方法求得的目标准则层权重向量为

$$\boldsymbol{w} = (w_1, w_2, w_3, \cdots, w_k) \qquad (3-8)$$

式中:w_i 为准则层指标 i 在准则层中所占的相对权重。

对于第 k 个准则层指标,各个准则下面的措施层指标权重向量为

$$\boldsymbol{w}_k = (w_{k_1}, w_{k_2}, w_{k_3}, \cdots, w_{k_s})$$

则层次结构中,准则 i 下的措施 j 指标的综合权重计算算子为

$$w_{i,j} = w_i \cdot w_{i_j}$$

最终,依据各个指标的综合排序,可以获得所有的重要度排序结果。

5) 评价结果的计算

获取各个指标的权重后,通过与评价值的乘积,最终可计算出评价得分。若存在多种方案评估,得分最大者为最优方案。

计算算子为

$$\boldsymbol{E}_a = (w_{p,1}, w_{p,2}, \cdots, w_{p,n})(v_{p,1}, v_{p,2}, \cdots, v_{p,n})^{\mathrm{T}} \tag{3-9}$$

式中:$w_{p,i}$ 为最底层指标 i 的综合权重;$v_{p,i}$ 为其评价分数。

4. AHP 法的特点

AHP 法把一个复杂的问题表示为一个有序的层次结构,通过构造两两比较矩阵计算各子指标层的相对权重,从而得出系统的数能值。

AHP 法的主要特点如下:

(1) 将定性和定量分析相结合,是分析、评估多目标、多准则的复杂系统的有力工具。

(2) 提供了较好的权重计算方法,具有很强的推广应用价值。

(3) 评估结果以指标得分与权重乘积的累加和体现。

(4) 属于主观评估法,由专家打分的方式获得判断矩阵,所以评估结果具有较强的主现性。

(5) AHP 法最终的评估结果是通过指标评价值与权重乘积的累加得出。它没有从系统角度综合描述系统的性能,无法解释和体现作战能力的整体特征。

5. 评估实例

自行榴弹炮作战性能评估问题是一个典型的多属性决策问题,可以采用 DEA 和 AHP 两阶段模型研究。

1) 数据包络分析法

数据包络分析(Data Envelpment Analysis, DEA)法是由著名的运筹学家 Chames. A. 和 Coo per W. W. 等提出的以相对效率概念为基础,用于评价具有相同类型的多投入、多产出的决策单元(Decision Making Unit, DMU)是否技术有效的一种非参数统计方法。该方法的特点是在输入和输出的观察数据的基础上,采用变化权重对决策单元进行评价。由于 DEA 法不需要预先估计参数,在避免主观因素和简化运算、减少误差等方面有着不可低估的优越性。

最常用的 C^{2}R 模型可以用下面的线性规划模型表示：

$$E_{j0} = \max \sum_{r=1}^{s} u_r y_{rj0}$$

$$\begin{cases} \sum_{i=1}^{m} v_i x_{ij} - \sum_{r=1}^{m} u_r y_{rj} \geqslant 0, j = 1,2,\cdots,n \\ \sum_{i=1}^{m} v_i x_{ij0} = 0 \\ u_r \geqslant 0, u_i \geqslant 0; r = 1,2,\cdots,s; j = 1,2,\cdots,n \end{cases} \quad (3-10)$$

式中：x_{ij} 为第 j 个 DMU 在第 i 项的输入量；y_{rj} 为第 j 个 DMU 的第 r 项输出值；u_r 为第 r 个输出项的权数；v_i 为第 i 个输入项的全数；E_j 为第 j 个决策单元的相对效率值。

DEA 法简单地将评价单元分为非有效的和有效的两类。非有效的可以按其值的大小排序；而有效的却无法区分其优劣，因此不能按同一个尺度将所有的评价单元排序。

2）DEA/AHP 综合评价法

DEA/AHP 综合评价法将评价过程分为两个阶段。首先运用 DEA 法对每一决策单元进行有效性分析，每一次只考虑这两个决策单元，而忽略其他决策单元；然后根据第一阶段的计算结果，创建成对比较矩阵。在此基础上，应用单一水平的 AHP 法计算所有的决策单元的全排序值。该方法的优点：由 DEA 法构造的比较矩阵是根据实际的多输入多输出指标计算得来的客观效率比值组成。所以消除了 AHP 法本身的主观性。

（1）第一阶段——使用 DEA 法构造比较矩阵。假设有 n 个决策单元，每个决策单元具有 m 个输入指标和 s 个输出指标。x_{ij} 代表第 j 个决策单元在第 i 项的输入量；y_{rj} 代表第 j 个决策单元的第 r 项输出值。任意选出两个决策单元 1 和单元 2（不失一般性），按照 DEA 法计算两个决策单元的有效值，E_{12} 和 E_{21} 分别为线性规划问题 LP$_1$ 和线性规划问题 LP$_2$ 目标函数的最优解，即

$$E_{12} = \max \sum_{r=1}^{s} u_r y_{r1}$$

$$\text{LP}_1 : \begin{cases} \sum_{i=1}^{m} v_i x_{ij} - \sum_{r=1}^{s} u_r y_{rj} \geqslant 0, j = 1,2 \\ \sum_{i=1}^{m} v_i x_{i1} = 1 \\ u_r \geqslant 0, v_i \geqslant 0; r = 1,2, i = 1,2,\cdots,m \end{cases} \quad (3-11)$$

$$E_{21} = \max \sum_{r=1}^{s} u_r y_{r2}$$

$$\text{LP}_2 : \begin{cases} \sum_{i=1}^{m} v_i x_{ij} - \sum_{r=1}^{s} u_r y_{rj} \geqslant 0, j = 1,2 \\ \sum_{i=1}^{m} v_i x_{i2} = 1 \\ u_r \geqslant 0, v_i \geqslant 0; r = 1,2, i = 1,2,\cdots,m \end{cases} \qquad (3-12)$$

因此,可以计算出 E_{12} 和 E_{21} 的值,构造 AHP 判断矩阵,一般有如下两种情况:

第一种情况:如果 $E_{12} = E_{21} = 1$,则判断矩阵的值 $a_{12} = a_{21} = 1$;

第二种情况:如果 E_{12}、E_{21} 中有一个小于 1,设 $E_{12} < 1$,则 $a_{12} = E_{12}, a_{21} = \dfrac{1}{a_{12}}$。

所有的 $a_{ii} = 1$,因此判断矩阵中的所有元素都可以求出。

(2)第二阶段——排序。根据在第一阶段中由 DEA 法求得的两两比较判断矩阵 $E_{12} < 1$,运用 AHP 法解出最大的特征值和相应的特征向量。因为这里的 AHP 法只有一层,所以排列在 j 位的特征向量也就反映了第 j 个决策单元的优先度。

(3)自行榴弹炮作战性能评估

主要国家的自行榴弹炮的基本数据如表 3-3 所列。

表 3-3　主要国家的自行榴弹炮的基本数据

名称	战斗全重/t	携弹量/发	最大射速/(发/min)	最大射程/km	机动能力/(km/h)	口径倍数/倍数	最大行程/km
美国 M109A6	32	39	4	24	56.3	39	344
俄 2C19	42	42	8	24.7	60	59	500
英 AS90	45	42	8	24.74	60	59	420
法"凯撒"	18.5	30	6	18.3	90	40	600
德 PZH2000	55.33	60	10	30	60	52	420
意"帕尔马瑞"	46	30	4	24.7	60	41	500
日 99 式	40	42	6	24	74	39	327
韩 K9s 式	46.3	48	6	18.1	67	52	360

表 3-3 指标中的战斗全重在一定条件下是越小越好,是输入性指标;其他指标是输出性指标,越大越好。

以美 M109A6、法"凯撒"为例,用 DEA 法计算出 AHP 法的判断矩阵:

$$\max E_{14} = 39u_1 + 4u_2 + 24u_3 + 56.3u_4 + 39u_5 + 344u_6$$

$$LP_1: \begin{cases} 32v_1 - 39u_1 - 4u_2 - 24.3u_3 - 56.33u_4 - 39u_5 - 344u_6 \geqslant 0 \\ 18.5v_1 - 30u_1 - 6u_2 - 18.3u_3 - 90u_4 - 40u_5 - 600u_6 \geqslant 0 \\ 32v_1 = 1 \\ u_1 \geqslant 0, v_i \geqslant 0, i = 1, 2, \cdots, 6 \end{cases} \quad (3-13)$$

$$\max E_{14} = 39u_1 + 4u_2 + 24u_3 + 56.3u_4 + 39u_5 + 344u_6$$

$$LP_2: \begin{cases} 32v_1 - 39u_1 - 4u_2 - 24.3u_3 - 56.33u_4 - 39u_5 - 344u_6 \geqslant 0 \\ 18.5v_1 - 30u_1 - 6u_2 - 18.3u_3 - 90u_4 - 40u_5 - 600u_6 \geqslant 0 \\ 18.5v_1 = 1 \\ u_1 \geqslant 0, v_i \geqslant 0, i = 1, 2, \cdots, 6 \end{cases} \quad (3-14)$$

运用 Lingo 计算出 $E_{14} = 0.7582$、$E_{41} = 1$,因此可以得到 AHP 法的判断矩阵的值:

$$a_{14} = 0.7582, a_{41} = \frac{1}{a_{14}} = 1.3189$$

同理,可以计算出判断矩阵:

$$a_{14} = \begin{bmatrix} 1 & 1 & 1 & 0.7582 & 1 & 1 & 1 & 1 \\ 1 & 1 & 1 & 0.6497 & 1 & 1.0953 & 1 & 1 \\ 1 & 1 & 1 & 0.6578 & 1 & 1 & 1 & 1 \\ 1.3189 & 1.5392 & 1.5202 & 1 & 1.4954 & 1.8242 & 1.5444 & 1.5642 \\ 1 & 1 & 1 & 0.6687 & 1 & 1 & 1 & 1 \\ 1 & 0.913 & 1 & 0.5482 & 1 & 1 & 1 & 1 \\ 1 & 1 & 1 & 0.6475 & 1 & 1 & 1 & 1 \\ 1 & 1 & 1 & 0.6393 & 1 & 1 & 1 & 1 \end{bmatrix}$$

由上式容易计算出 a_{14} 的最大特征值为 8.00621,满足一致性检验,其相应的特征值为

$$[0.3332 \quad 0.3302 \quad 0.3269 \quad 0.5031 \quad 0.3276 \quad 0.3164 \quad 0.3262 \quad 0.3257]$$

所以作战性能排序是:法"凯撒"、美 M109A6、俄 2C19、德 PZH2000、英 AS90、意"帕尔马瑞"、日 99 式、韩 K9s 式。

3.1.2 ADC 分析法

ADC 模型是美国工业界武器系统效能咨询委员会(WSEIAC)提出的数能评估模型,该方法广泛应用于系统效能的评估。

1. ADC 法的基本思想

ADC 法以系统的总体构成为对象,以所完成的任务为前提对数能效能进行

评估。

ADC 模型认为"系统效能是预期一个系统满足一组特定任务要求程度的量度,是系统可用性、可信性与固有能力的函数。"

可用度是在开始执行任务时系统状态的度量;可信性是在已知系统开始执行任务时所处状态的条件下,在执行任务过程中某个瞬间或多个瞬间的系统状态的度量;固有能力是在已知系统执行任务过程中所处状态条件下,系统达到任务目标的能力的度量。

ADC 模型的表达式为

$$E = A \cdot D \cdot C$$

式中:A 为可用度向量,$A = \{a_1, a_2, a_3, \cdots, a_n\}$,$n$ 为系统在开始执行任务时的状态数目;D 为 $N \times N$ 的可信度矩阵;$a_{i,j}$ 为系统由初始状态 i 经历任务期间 j 时完成任务的概率或所能完成的任务量。

若 C 为一个矩阵时,$c_{i,k}$ 代表系统处于状态 j 时,完成第 k 项子任务的概率或完成任务量,此时的系统效能为向量。

2. ADC 法的基本步骤

ADC 法的一般评估步骤:①确定系统初始状态参数;②根据系统特有属性计算可信度矩阵;③系统能力向量的确定,能力向量的准确性是该评估方法的关键所在;④计算系统效能。

3. ADC 法的计算方法

(1)计算可用度向量 A:

$$A = \{a_1, a_2, a_3, \cdots, a_n\}$$

式中:a_i 表示系统初始状态时,处于第 i 种状态的概率,满足 $\sum_{i=1}^{n} a_i = 1$。

(2)计算可行度矩阵 D:

$$D = \begin{bmatrix} d_{1,1} & d_{1,2} & \cdots & d_{1,n} \\ d_{2,1} & d_{2,2} & \cdots & d_{2,n} \\ \vdots & \vdots & & \vdots \\ d_{n,1} & d_{n,2} & \cdots & d_{n,n} \end{bmatrix} \tag{3-15}$$

式中:$d_{i,j}$ 表示系统运行时,系统由第 i 状态跃变到 j 状态的概率,满足 $\sum_{j=1}^{n} d_{i,j} = 1$

(3)计算能力向量 C(矩阵)。若仅对系统的某项效能进行评估,则 C 仅为一个向量,若对该系统的若干项能力进行评估,则 C 为一个 $N \times M$ 矩阵:

$$C = \begin{bmatrix} c_{1,1} & c_{1,2} & \cdots & d_{1,m} \\ c_{2,1} & c_{2,2} & \cdots & c_{2,m} \\ \vdots & \vdots & & \vdots \\ c_{n,1} & c_{n,2} & \cdots & c_{n,m} \end{bmatrix} \quad\quad (3-16)$$

式中：$c_{i,j}$表示系统第j项能力在第i种状态下完成任务的度量，$c_{i,j}$的计算可以通过自定义的度量方法或运算模型实现。

（4）计算系统效能E：

$$E = A \cdot D \cdot C = (e_1, e_2, \cdots, e_m)$$

最终得出的系统效能为向量。我们既可以直接用该向量作为评估结果，也可以给m个能力向量评分，按照每个能力向量的权重，得出最终的系统效能评估值。

4. ADC 法的特点

ADC 法的主要特点如下：

（1）把系统效能表示为可用度、可信度和固有能力的相关函数，即$E = A \cdot D \cdot C$；从而该评估算法考虑了装备结构和战技特性之间的相关性，强调了装备的整体性。

（2）该方法概念清晰，易于理解与表达，应用范围广，是在国内外得到相当广泛应用的效能评估方法之一。

（3）该评估模型提供了一个评估系统效能的基本框架，可以很容易地对ADC 模型加以扩展使用，如添加环境、人为因素等影响因子向量。

（4）公式中能力矩阵C的确定直接关系评估结果的准确性，如何确定能力矩阵是该算法的关键点，也是难点。

（5）有研究人员认为该方法过于粗糙，不能很好地反映系统要素之间的复杂联系及其对系统效能的影响。

5. 评估实例

1）基本假设

（1）某自行加榴炮系统在开进和射击阶段各状态之间的转移符合马尔可夫过程。

（2）在执行任务期间（开进、战斗准备、射击）发生故障不能修理。

（3）各分系统故障服从指数分布，而且两个以上分系统同时发生故障的概率为 0。

（4）在开进和射击准备过程中未被敌方发现，未遭到敌方火力打击。

（5）战斗准备期间（从行军状态到战斗状态转换）各分系统不发生故障。

（6）火炮运用：向发射阵地开进—占领阵地完成战斗准备—射击。

2）可用度向量 **A** 的分析

设 F 为火力系统正常工作状态，$\bar{F}$ 为故障状态；C 为火控系统正常状态，$\bar{C}$ 为故障状态；R 为运行系统正常工作状态，$\bar{R}$ 为故障状态；A_F 为火力系统可用度，A_C 为火控系统可用度，A_R 为运行系统可用度。

系统在任务开始时可能的状态及概率如表 3－4 所列。

表 3－4　任务状态概率

序号	状态	状态概率
1	FCR	$A_F A_C A_R$
2	$\bar{F}$CR	$(1-A_F)A_C A_R$
3	$\bar{F}\bar{C}$R	$(1-A_F)(1-A_C)A_R$
4	$\bar{F}\bar{C}\bar{R}$	$(1-A_F)(1-A_C)(1-A_R)$
5	F$\bar{C}$R	$A_F(1-A_C)A_R$
6	F$\bar{C}\bar{R}$	$A_F(1-A_C)(1-A_R)$
7	FC$\bar{R}$	$(1-A_F)A_C(1-A_R)$
8	$\bar{F}$C$\bar{R}$	$(1-A_F)A_C(1-A_R)$

表 3－4 中的状态概率 A_F、A_R 和 A_C 可表示如下：

$$\begin{cases} A_F = \dfrac{\text{MRBF}}{\text{MRBF} + \bar{n} \cdot \text{MTTR}_F} \\[3mm] A_R = \dfrac{\text{MMBF}}{\text{MMBF} + \bar{V} \cdot \text{MTTR}_R} \\[3mm] A_C = \dfrac{\text{MTBF}}{\text{MTBF} + \text{MTTR}_C} \end{cases} \qquad (3-17)$$

式中：MRBF 为火力系统平均故障间隔发数（发）；MTTR_F 为火力系统平均修复时间（min）；$\bar{n}$ 为火力系统平均射速（发/min）；MMBF 为运行系统平均故障间隔里程（km）；$\bar{V}$ 为运行系统平均修复速度（km/h）；MTBF 为火控系统平均故障间隔时间（h）；MTTR_C 为火控系统平均修复时间（h）。

显然，有

$$\sum_{t=1}^{8} a_t = 1$$

可用度向量：

$$\boldsymbol{A} = (a_1, a_2, \cdots, a_8)$$

3）可信度矩阵 **D** 的推导

某自行加榴炮系统在开进和射击阶段的工作状态可用时间连续、状态离散且有限的马尔可夫过程描述。

在开进阶段,运行系统工作,火控系统可能工作,也可能不工作;在火力系统不工作;在射击阶段,运行系统不工作,火力系统及火控系统工作。

设 t_1 为开进阶段经历的时间;t_2 为射击阶段经历的时间;t_0 为战斗准备经历的时间;λ_{F1},λ_{F2} 分别为开进、射击阶段火力系统致命故障率;λ_{C1},λ_{C2} 分别为开进、射击阶段火力系统致命故障率;λ_{R1},λ_{R2} 分别为开进、射击阶段火力系统致命故障率。

根据马尔可夫过程方程的含义,自行加榴炮系统在开进、战斗准备及射击阶段的状态转移概率矩阵(称可信度矩阵)$D(t_0 + t_1 + t_2)$,可分解为

$$D(t_0 + t_1 + t_2) = D(t_0) \cdot D(t_1) \cdot D(t_2)$$

但是,由假设(2)和假设(5)可知,系统在战斗准备阶段其状态不发生转变,因此,矩阵 $D(t_0)$ 退化为单位矩阵 $I_{8 \times 8}$,则

$$D(t_0 + t_1 + t_2) = D(t_1) \cdot D(t_2)$$

各分系统的任务可靠度为

$$\begin{cases} R_{F1}(t_1) = \exp(-\lambda_{F1} t_1) \\ R_{C1}(t_1) = \exp(-\lambda_{C1} t_1) \\ R_{R1}(t_1) = \exp(-\lambda_{R1} t_1) \end{cases} \quad (3-18)$$

根据假设(2)和假设(3),可得到开进阶段在极短的时间 Δt_1 内系统的状态转移概率矩阵为

$$D(\Delta t_1) = \begin{bmatrix} 1 - (\lambda_{F1} + \lambda_{C1} + \lambda_{R1})\Delta t_1 & \lambda_{F1}\Delta t_1 & 0 & 0 & \lambda_{C1}\Delta t_1 & 0 & \lambda_{R1}\Delta t_1 & 0 \\ 0 & 1 & 0 & 0 & 0 & 0 & 0 & 0 \\ 0 & 0 & 1 & 0 & 0 & 0 & 0 & 0 \\ 0 & 0 & 0 & 1 & 0 & 0 & 0 & 0 \\ 0 & 0 & 0 & 0 & 1 & 0 & 0 & 0 \\ 0 & 0 & 0 & 0 & 0 & 1 & 0 & 0 \\ 0 & 0 & 0 & 0 & 0 & 0 & 1 & 0 \\ 0 & 0 & 0 & 0 & 0 & 0 & 0 & 1 \end{bmatrix}$$

$$(3-19)$$

在开进阶段状态转移速率矩阵 Q 的计算公式为

$$Q = \lim_{\Delta t_1 \to 0} \frac{(\Delta t_1) - I}{\Delta t_1} \quad (3-20)$$

式中:I 为 8×8 阶单位矩阵。

将 $D(\Delta t_1)$ 代入矩阵 Q(换成编号)后,可得

$$Q_{8\times8} = \begin{bmatrix} -(\lambda_{F1}+\lambda_{C1}+\lambda_{R1}) & \lambda_{F1} & 0 & 0 & \lambda_{C1} & 0 & \lambda_{R1} & 0 \\ 0 & 0 & 0 & 0 & 0 & 0 & 0 & 0 \\ 0 & 0 & 0 & 0 & 0 & 0 & 0 & 0 \\ 0 & 0 & 0 & 0 & 0 & 0 & 0 & 0 \\ 0 & 0 & 0 & 0 & 0 & 0 & 0 & 0 \\ 0 & 0 & 0 & 0 & 0 & 0 & 0 & 0 \\ 0 & 0 & 0 & 0 & 0 & 0 & 0 & 0 \\ 0 & 0 & 0 & 0 & 0 & 0 & 0 & 0 \end{bmatrix} \tag{3-21}$$

开进阶段的 K 向前方程的矩阵形式为

$$\begin{cases} \dfrac{d\boldsymbol{D}(t_1)}{dt_1} = \boldsymbol{D}(t_1) \cdot \boldsymbol{Q} \\ \boldsymbol{D}(0) = \boldsymbol{I} \end{cases} \tag{3-22}$$

将 $\boldsymbol{Q}_{8\times8}$ 代入式(3-22)，可得到代数形式的微分方程组为

$$\begin{cases} d'_{i1}(t_1) = -(\lambda_{F1}+\lambda_{C1}+\lambda_{R1})d'_{i1}(t_1), i=\overline{1,8} \\ d'_{i2}(t_1) = \lambda_{F1}d_{t1}(t_1), i=\overline{1,8} \\ d'_{i5}(t_1) = \lambda_{C1}d_{t1}(t_1), i=\overline{1,8} \\ d'_{i7}(t_1) = \lambda_{R1}d_{t1}(t_1), i=\overline{1,8} \\ d'_{ij}(t_1) = 0, i=\overline{1,8}, i=3,4,6,8 \\ d'_{ij}(0) = \begin{cases} 1, i=j \\ 0, i\neq j \end{cases}(i=\overline{1,8}) \end{cases} \tag{3-23}$$

设 $\sum \lambda_1 = \lambda_{F1}+\lambda_{C1}+\lambda_{R1}$，解方程组(3-23)可得

$$\boldsymbol{D}(t_1) = \begin{bmatrix} e^{-t_1\sum\lambda_1} & \dfrac{\lambda_{F1}}{\sum\lambda_1}(1-e^{-t_1\sum\lambda_1}) & 0 & 0 & \dfrac{\lambda_{C1}}{\sum\lambda_1}(1-e^{-t_1\sum\lambda_1}) & 0 & \dfrac{\lambda_{R1}}{\sum\lambda_1}(1-e^{-t_1\sum\lambda_1}) & 0 \\ 0 & 1 & 0 & 0 & 0 & 0 & 0 & 0 \\ 0 & 0 & 1 & 0 & 0 & 0 & 0 & 0 \\ 0 & 0 & 0 & 1 & 0 & 0 & 0 & 0 \\ 0 & 0 & 0 & 0 & 1 & 0 & 0 & 0 \\ 0 & 0 & 0 & 0 & 0 & 1 & 0 & 0 \\ 0 & 0 & 0 & 0 & 0 & 0 & 1 & 0 \\ 0 & 0 & 0 & 0 & 0 & 0 & 0 & 1 \end{bmatrix}$$
$$\tag{3-24}$$

显然,有

$$\sum_{j=1}^{8} d_{ij}(t_1) = 1, i = \overline{1,8}$$

设 $\sum \lambda_2 = \lambda_{F2} + \lambda_{C2} + \lambda_{R2}$,重复 $\boldsymbol{D}(\Delta t_1)$ 到 $\boldsymbol{D}(t_1)$(式(3-24))的步骤可以导出射击阶段 t_2 系统状态转移概率矩阵为

$$\boldsymbol{D}(t_1) = \begin{bmatrix} e^{-t_2 \sum \lambda_2} & \dfrac{\lambda_{F2}}{\sum \lambda_2}(1 - e^{-t_2 \sum \lambda_2}) & 0 & 0 & \dfrac{\lambda_{C2}}{\sum \lambda_2}(1 - e^{-t_2 \sum \lambda_2}) & 0 & \dfrac{\lambda_{R2}}{\sum \lambda_2}(1 - e^{-t_2 \sum \lambda_2}) & 0 \\ 0 & 1 & 0 & 0 & 0 & 0 & 0 & 0 \\ 0 & 0 & 1 & 0 & 0 & 0 & 0 & 0 \\ 0 & 0 & 0 & 1 & 0 & 0 & 0 & 0 \\ 0 & 0 & 0 & 0 & 1 & 0 & 0 & 0 \\ 0 & 0 & 0 & 0 & 0 & 1 & 0 & 0 \\ 0 & 0 & 0 & 0 & 0 & 0 & 1 & 0 \\ 0 & 0 & 0 & 0 & 0 & 0 & 0 & 1 \end{bmatrix}$$

$$(3-25)$$

显然

$$\sum_{j=1}^{8} d_{ij}(t_2) = 1, i = \overline{1,8}$$

至此,矩阵 $\boldsymbol{D}(t_1)$ 和 $\boldsymbol{D}(t_2)$ 已经导出。

4)固有能力向量 $\boldsymbol{C}$ 的分析

自行加榴炮的主要能力分解为以下几个方面:

(1)毁伤目标能力。毁伤目标能力是自行加榴炮系统的核心能力,是炮弹威力、火炮射速、射击精度(含诸元误差、散布误差)等因素的综合反映,一般用毁伤目标的概率表征。当对集群目标射击时,用毁伤目标百分数数学期望来表征,此值也是毁伤集群目标中单位目标的概率,自行加榴炮的主要弹是榴弹和子母弹,可能对付的目标从数量上讲可能是单个目标,也可能是集群目标。毁伤目标概率的计算依据方法不同而有多种,这里仅以均匀散布法为例,说明榴弹(子母弹)对单个目标(集群目标)射击时毁伤目标概率的计算方法。

设瞄准点与目标中心重合,则营(连)对单个目标(集群目标)射击时毁伤概率的计算公式为

$$C_h = \begin{cases} \phi\left(\dfrac{L_x}{E_d}\right)\phi\left(\dfrac{L_z}{E_f}\right)\left[1 - \left(1 - \dfrac{A}{Q}\right)^N\right], & \text{对单个目标} \\ \phi\left(\dfrac{L_x}{E'_d}\right)\phi\left(\dfrac{L_z}{E'_f}\right)\left[1 - \left(1 - \dfrac{A}{Q}\right)^N\right], & \text{对集群目标} \end{cases}$$

$$(3-26)$$

其中

$$\begin{cases} L_x = \sqrt{6.594B_d^2 + 0.25(t^2-1)h^2} \\ L_z = \sqrt{6.594B_f^2 + 0.25(n^2-1)l^2} \end{cases}$$

$$\begin{cases} E_d' = \sqrt{E_d^2 + 0.152L_d^2}, 2L_d \leqslant 15E_d \\ E_f' = \sqrt{E_f^2 + 0.152L_f^2}, 2L_f \leqslant 15E_f \end{cases}$$

$$\phi(\beta) = \frac{2\rho}{\sqrt{\pi}}\int_0^\beta \exp(-\rho^2 t^2)\,\mathrm{d}t, \rho = 0.477, \pi = 3.142$$

$$A = \begin{cases} A_1, \text{使用子母弹} \\ A_2, \text{使用榴弹} \end{cases}$$

$$\begin{cases} A_1 = \pi ab \cdot Q_f \\ Q_f = 1 - \left(1 - \dfrac{S_1}{\omega_1 \pi ab}\right)^m \end{cases}$$

$$A_2 = \begin{cases} \dfrac{v}{\omega}, \text{对硬目标射击,如装甲目标} \\ 2l_x \cdot 2l_z, \text{单发榴弹对有生力量毁伤幅员} \end{cases}$$

上述公式中的物理量含义如下:

$E_d(E_f)$:营(或连)对单个目标射击时,化为"二组误差型"后诸元误差的距离(方向)中间误差(m);$B_d(B_f)$:营(或连)射击时,化为"二组误差型"后散布误差的距离(方向)中间误差(m);$E_d'(E_f')$:营(或连)对集群射击时,化为集群目标位"单目标"后诸元误差的距离(方向)中间误差(m);$2L_x(L_z)$:射击幅员纵深(正面)(m);$2L_d(L_t)$:集群目标幅员纵深(正面)(m);A:射击幅员(m^2);N:发射榴弹(子母弹)总数(发);t:表尺数;h:距离差(m);n:方向数(二连内炮数);l:方向差(m);$2a(2b)$:单发母弹中子弹地面散布椭圆长(短)轴(通常取 $a=b$)(m);Q_f:子弹有效系数;m:单发母弹中子弹数(发);S_1,ω_1:对有生力量射击时,S_1 为单发子弹的毁伤幅员(m^2),且 $\omega_1=1$,对硬目标(如装甲目标)射击时,S_1 为目标易毁面积(m^2),ω_1 为毁伤目标所需平均命中子弹数(发);v:单个硬目标幅员(m^2);ω:毁伤单个硬目标所需平均命中子弹数(榴弹)(发);$2l_x(l_z)$:单发榴弹对有生力量毁伤幅员纵深(正面)(m)。

(2) 机动能力 C_j。机动能力是运行系统固有能力的反映,可用机动能力指数表征,其值越大表示机动能力越强。运行系统的机动能力与多项性能指标有关,是多项性能的综合反映,与机动能力有关的主要性能指标包括:系统平均越野速度;系统最大行驶速度;系统爬坡度;车底距地高;过垂直墙高;涉水深;最大行程;越壕宽;吨功率。

设 P_j 为在论系统相对标准系统机动能力指数;P_r 为任务要求机动能力指数;J_{i0} 为标准系统各性能指标($i = 1,2\cdots,m$);J_{ip} 为在论系统各性能指标($i = 1,2\cdots,m$);J_{ir} 为任务要求的各性能指标($i = 1,2\cdots,m$);m 为性能指标数。

定义 C_J 的计算公式为

$$C_J = \frac{P_j}{P_r} = \sum_{i=1}^m \left(\frac{J_{ip}}{J_{i0}}\right) \Bigg/ \sum_{i=1}^m \left(\frac{J_{ir}}{J_{i0}}\right) \qquad (3-27)$$

标准系统一般取已有的类似系统各项最佳性能指标组成的假想系统。

(3)反应能力。在普遍强调快速反映的现代战场上,系统反映能力是自行加榴炮系统能力的一个重要侧面,并由战斗准备时间、火控系统反应时间、战斗状态到行军状态转换时间三项技术来体现。战斗准备时间指系统由行军状态向战斗转换的时间,火控系统反应时间一般包括火控系统初始输入时间、系统自检时间、弹道解算时间(含修正时间)、调炮到位时间及供输弹、装填、击发时间,反应能力反映了火控系统及供输弹装填击发机构的工作效率。

反应能力可用反应能力指数 C_F 表征。

设:T_1 为战斗准备时间;T_2 为系统反应时间;T_3 为从战斗状态到行军状态转换时间。

$T_{1\min}, T_{2\min}, T_{3\min}$ 分别为符合战术要求的上述三项时间的理想水平;$T_{1\max}, T_{2\max}, T_{3\max}$ 分别为战术要求的上述三项时间的最差水平。

以最差点($T_{1\max}, T_{2\max}, T_{3\max}$)到理想点($T_{1\min}, T_{2\min}, T_{3\min}$)之间的距离为尺度,在论系统($T_1, T_2, T_3$)点到理想点之间的"距离"越近越好,采用线性功效系数法,压力指数 C_F 可定义为

$$C_F = 1 - \sqrt{\sum_{i=1}^3 (T_i - T_{i\min})^2} \Bigg/ \sqrt{\sum_{i=1}^3 (T_{i\max} - T_{i\min})^2} \qquad (3-28)$$

(4)炮火覆盖能力。炮火覆盖能力指加榴炮在战场上对远近目标的可射击能力。从战术上讲,加榴炮最大射程越大其远战能力越强,最小射程越小其近战能力越高。因此,现代加榴炮系统设计的重要思想之一是:除追求最大的射程之外,还力争较小的最小射程。目的在于增强火炮的远战能力和近战能力,从而改善炮火覆盖能力,增加战术灵活性。

炮火覆盖能力可用炮火覆盖能力指数 C_{HF} 表征。

设 $X_{0\max}$ 为战术要求的某级压制火炮最大射程;$X_{0\min}$ 为战术要求的某级压制火炮最小射程;$X_{1\max}$ 为在论加榴炮最大射程;$X_{1\min}$ 为在论加榴炮最小射程;ΔX_0 为战术要求的某级压制火炮火力覆盖范围;ΔX_1 为在论加榴炮火力覆盖范围。

采用线性功效系数法炮火覆盖能力指数 C_{HF} 可定义为

$$C_{HF} = \Delta X_1 / \Delta X_0 = (X_{1max} - X_{1min}) / (X_{0max} - X_{0min}) \quad (3-29)$$

（5）生存能力。生存能力一般指在战场环境（常规战争乃至核、生、化战争）中的人员保持生命和武器装备保持其战术技术性能的能力。以常规战争中的某自行加榴炮系统在敌方常规炮兵火力袭击下保持自身不被毁伤的能力，并用生存概率 C_S 表征自行加榴炮的生存能力。

设 $P(F)$ 为我加榴炮被敌方发现的概率；$P(A)$ 为敌方加榴炮（火箭炮）射击幅员覆盖我方加榴炮的概率；$P(B/A)$ 为敌方炮射击幅员覆盖我方加榴炮的条件下的毁伤概率。则生存概率为

$$C_S = 1 - P(F) \cdot P(A) \cdot P(B/A) \quad (3-30)$$

以上就某自行加榴炮系统五方面的能力的定量表征进行了探讨。自行加榴炮的核心使命是根据作战意图毁伤敌方目标，所以毁伤目标的能力理所当然成为其核心能力。但是，在现代和未来战场上，仅有此一项能力，其他四项能力缺失或太差，这个核心能力还难以发挥甚至丧失。基于这个意义，在此我们用上面五能力定量表征值的乘积形式表征系统在良好战备状态下的固有能力，即

$$C = C_n \cdot C_J \cdot C_F \cdot C_{HF} \cdot C_S \quad (3-31)$$

固有能力向量为

$$\boldsymbol{C} = (C \quad 0 \quad 0 \quad 0 \quad 0 \quad 0 \quad 0) \quad (3-32)$$

5）自行加榴炮系统综合效能

自行加榴炮系统综合效能可定义为

$$E = \boldsymbol{A} \cdot \boldsymbol{D}(t_0 + t_1 + t_3) \cdot \boldsymbol{C} = \boldsymbol{A} \cdot \boldsymbol{D}(t_1) \cdot \boldsymbol{D}(t_2) \cdot \boldsymbol{C} \quad (3-33)$$

将式（3-18）和式（3-31）代入式（3-33），可得

$$E = A_F A_C A_R \cdot \exp(-\lambda_{F1} t_1) \cdot \exp(-\lambda_{C1} t_2) \cdot \exp(-\lambda_{R1} t_2) \cdot C_H \cdot C_J \cdot C_F \cdot C_{HF} \cdot C_S$$

$$(3-34)$$

从式（3-34）可以看出：自行加榴炮系统效能由系统在任务开始时的系统可用度、系统在执行任务过程中的任务可靠度及系统的固有能力三大部分组成。

3.1.3 基于 SEA 法

20 世纪 70 年代末至 80 年代中期，美国麻省理工学院信息与决策系统实验室的 A. H. Levis 等提出一种系统效能分析（System Effectiveness Analysis，SEA）方法。这种方法的实质是把系统的运行与系统要完成的使命联系起来，观察系统的运行轨迹与使命所要求的轨迹相符合的程度，系统的运行轨迹与使命轨迹

相重率高,则系统的效能高。由于这一方法有较强的分析能力,适用范围广,因此很快地在许多民用和军事系统中得到应用,如在能源系统、柔性制造系统、动力系统、C³I 系统中的应用。

1. SEA 分析法的基本思想

SEA 法的基本思想:当系统在一定环境下运行时,系统运行状态可以由一组系统原始参数的表现值描述。对于一个实际系统,由于系统运行不确定因素的影响,系统运行状态可能有多个(甚至无数个)。那么,在这些状态组成的集合中,如果某个状态所呈现的系统完成预定任务的情况满足使命要求,就可以说系统在这个状态下能完成预定任务。系统在运行时落入何种状态是随机的,因此在系统运行状态集中,系统落入可完成预定任务的状态的"概率"大小,反映了系统完成预定任务的可能性,即系统数能。然而,为了能对系统在任意状态下完成预定任务的情况与使命要求进行比较,必须把它们放在同一个空间内,这个空间恰好可采用性能度量(Measure of Performance,MOP) 空间,SEA 法的评估流程如图 3 − 1 所示。

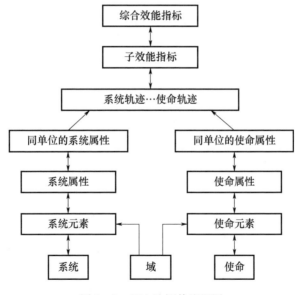

图 3 − 1　SEA 法评估流程图

2. SEA 法的基本步骤

若用 V 表示轨迹 L 上的一种测度,则系统效能指标为

$$MOE = \frac{V(L_s \cap L_m)}{V(L_s)}$$

根据上述分析,SEA 法的分析框架步骤如下:

(1) 确定系统、环境和系统使命。

(2) 由系统使命抽象出一组性能量度。

(3) 根据系统在环境中的运行规律规律,建立系统映射 f_s。

(4) 根据使命要求,建立使命映射 f_m。

(5) 由 f_s 和 f_m 产生系统轨迹 L_s 和使命轨迹 L_m。

(6) 求解系统效能指标 E。

3. SEA 法的特点

SEA 法把系统能力和使命要求在同一个公共属性空同进行比较,得到有效性评定的若干分量,适当地组合这些分量,最终获得对系统的总评价。

SEA 法的主要特点如下:

(1) SEA 法贴近效能评估的基本含义,能充分体现出系统构件、组织和战术的变化对系统效能的影响。

(2) 把系统的能力与使命要求放在同一个 MOP 空间进行比较,从而实现对系统完成使命程度的评价,系统效能表明了系统完成使命的可能性大小。

(3) SEA 法实际是一种方法论,系统效能分析建模需要根据具体的系统、环境和使命分析。

3.1.4 模糊综合评估法

模糊综合评估法作为模糊数学的一种具体应用方法,最早是由我国学者江培庄提出的,已在矿业等领域的评估中获得了广泛的应用。它主要运用模糊变换原理和最大隶属度原则,考虑与被评估事物相关的各个因素,对评估对象做综合评估。

在系统效能评估过程中,存在许多定性评估的指标,对这些定性指标的评估均具有一定的模糊性,并非完全准确。模糊综合评估恰好能够考虑影响所评估事物的模糊因素,主要是依据模糊数学中模糊变换的概念进行评估的。

1. 模糊综合评估法的基本思想

该评估方法的主要思想:首先定义一组评语(评估等级)集合,如(优、良、中、一般、差)等;其次通过多个专家打分,获取所有评估指标的评价矩阵,再将所有指标的评估值利用一组设定的隶属函数将这些评价值转化为隶属度、隶属度权重,最终生成相应隶属度权重矩阵;最后通过引入指标权重向量,经过模糊变换运算最终得到一个具体的评估结果。

隶属函数用于计算各评估值隶属于某评估等级的程度。隶属函数的求取有很多种方法,在用于效能评估时,应用最为广泛的构建方法有三类,其函数图像如图 3 -2 所示。

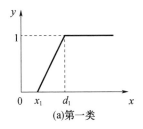 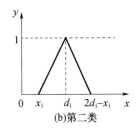 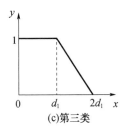

(a)第一类 (b)第二类 (c)第三类

图 3 - 2 隶属函数

其中,第一类用于刻画最高评价等级的隶属度,第二类刻画中间等级的评估等级的隶属度,第三类用于刻画最低评估等级的隶属度。

对于不同指标,上述隶属度函数的阈值 d_1 可以不依赖样本数据,按照类比或经验获取,这样得到的阈值称为客观阈值;它也可以在评估值中通过寻找最大、最小或者中心值获取,这样获得的阈值称为相对阈值。

上述隶属度的区间范围一般默认为 $2d_1$,但实际应用时,可以调整。

2. 模糊综合评估法的基本步骤

模糊综合评估法的一般步骤包括:①制定评分标准;②制定评语集合;③获取指标评估矩阵;④生成隶属度权重矩阵;⑤获取权重向量;⑥将隶属度评估矩阵与权重向量经过模糊变换,得到评估结果向量;⑦对评估结果向量进行处理,得到最终评估值。

3. 模糊综合评估法的计算方法

1)确定受评对象、评分标准、评估等级(类比)数量及其指标的权重

受评对象即为待选的多个系统或者方案集合,评分标准为定性指标的量化标准。权重的确定依赖于专家调查法或 AHP 法实现,设最终求得各指标的权重向量为 A_i。

2)对各个受评对象,求取评估值矩阵 D

评估值矩阵可定义为

$$D = \begin{bmatrix} d_{1,1} & d_{1,2} & \cdots & d_{1,n} \\ d_{2,1} & d_{2,2} & \cdots & d_{2,n} \\ \vdots & \vdots & & \vdots \\ d_{m,1} & d_{m,2} & \cdots & d_{m,n} \end{bmatrix} \qquad (3-35)$$

式中:$d_{i,j}^s$ 为对于第 s 个专家对指标 j 的评价分数,s 为受评对象的序号。

为了方便阐述,以下仅考虑对一个评估对象的评估方法,不再考虑其他评估对象,即去掉 s 标记。

3）将评估矩阵利用隶属函数转化为隶属度权重评估矩阵

（1）计算第 i 个指标属于第 e 类的隶属度为 $X_{i,e}$。设第 e 类评估等级的隶属度函数为 f_e，m 为专家总数，有

$$X_{i,e} = \sum_{j=0}^{m} f_e(d_{i,j})$$

（2）计算第 i 个指标隶属于第 e 类评估等级的隶属度权重 $R_{i,e}$：

$$R_{i,e} = \frac{X_{i,e}}{\sum_{k=1}^{z} X_{i,k}}$$

式中：z 为系统规定的评估等级数量。

上式的含义是求指标 i 属于第 e 类的相对权重。

由此可求得指标 i 属于任意一个评估等级的隶属度权重。

（3）由 m 个指标的隶属度权重构成的隶属度权重评估矩阵为

$$\boldsymbol{R} = \begin{bmatrix} r_{1,1} & r_{1,2} & \cdots & r_{1,z} \\ r_{2,1} & r_{2,2} & \cdots & r_{2,z} \\ \vdots & \vdots & & \vdots \\ r_{m,1} & r_{m,2} & \cdots & r_{m,z} \end{bmatrix} \tag{3-36}$$

计算评估矩阵 $\boldsymbol{R}$ 的行向量为 $\boldsymbol{R}_i$，$\boldsymbol{R}_i$ 中的元素 $R_{i,j}$ 表示指标 i 隶属于等级 j 的隶属度。

（4）计算评估结果向量：

$$\boldsymbol{E} = (A_1, A_2, \cdots A_n)[R_1, R_2, \cdots, R_n]^{\mathrm{T}} = (e_1, e_2, \cdots, e_z) \tag{3-37}$$

评估结果向量 $\boldsymbol{E}$ 的生成过程及综合评估过程，常用的有五类运算模型：$M(\wedge, \vee)$ 模型、$M(\cdot, \vee)$ 模型、$M(\wedge, \oplus)$ 模型、$M(\cdot, \oplus)$ 模型、$M(\cdot, +)$ 模型。这五类模型在 e_i 的生成表达式上有所不同。其中，$M(\cdot, +)$ 模型是较为普遍的生成模型，其运算方式与矩阵运算相一致，即

$$e_i = \sum_{j=1}^{m} A_i \cdot r_{i,j}$$

该运算模型与其他几个模型相比，能够保存更多的评估内容，其运算结果具有评估总和越大，效能越优的特点。

（5）将评估结果向量影射为具体的评估值：

$$\boldsymbol{E} \cdot \boldsymbol{A} = (e_1 \cdot v_1, e_2 \cdot v_2, \cdots, e_z \cdot v_i) \tag{3-38}$$

式中：v_i 为第 i 类评价等级对应的评估分数，$\boldsymbol{E} \cdot \boldsymbol{A}$ 最终所得的结果为百分值的数字，该数字即代表该对象的评估结果。同时，该分数位于哪个等级之中，则认为该评估对象的评估结果属于哪一个等级。

4. 模糊综合评估法的特点

该类评估方法的特点如下:

(1)将模糊理论应用到效能评估中,较好地解决了系统效能评估存在的不确定性。

(2)该类评估结果既是对被评估系统的定量评估又是定性评估。

(3)数学模型简单,容易掌握,对多因素、多层次的复杂问题评估效果比较好。

(4)与 AHP 法相同,其权重矩阵是人为给定的,具有主观性。

(5)计算指标隶属度的隶属函数定义将对评估结果产生重要影响。如何选择一个较好的隶属函数是一个必须解决的问题。

5. 评估实例

1)自行火炮作战性能评估指标体系

选取 10 种世界各国目前装备的 155mm 自行榴弹炮,从其所有的评估指标中提取战斗全重、携弹量、最大射速、最大射程、机动能力、口径倍数、最大行程、口径等 8 项具有代表性的指标作为评估指标,,评估指标数据如表 3-5 所列。

表 3-5　自行榴弹炮评估指标数据表

名称	战斗全重/t	携弹量/发	最大射速/(km/h)	最大射程/km	机动能力/km·h⁻¹	口径倍数	最大行程/km	口径/mm
德国 PZH2000	55.33	60	10	30	60	52	420	155
法国 AUFI	42	42	8	23.5	60	40	450	155
法国 MKF3	17.4	25	4	20.4	60	33	300	155
美国 M144	28.35	24	3	14.6	56.3	23	122	155
美国 M109	23.78	28	3	14.6	56.3	23	354	155
日本 75 式	25.3	28	6	19	47	30	300	155
西班牙 SB155	38	28	6	24	70	39	550	155
意大利 "帕尔玛利亚"	46	30	4	24.7	60	41	400	155
英国"威克斯"	42.2	32	6	24.7	50	39	600	155
以色列 "索尔塔姆"	6	42	5	23.5	30	39	180	155

根据表3-5中8项评估指标的特点将它们分为战术指标和技术指标两类，这样就建立了三层的评估指标体系，如图3-3所示。其中第一层为综合效能，第二层为战术指标 u_1 和技术指标 u_2，战术指标分为口径 u_{11}、最大射速 u_{12}、最大射程 u_{13} 和最大行程 u_{14}；技术指标分为战斗全重 u_{21}、携弹量 u_{22}、机动能力 u_{23} 和口径倍数 u_{24}。

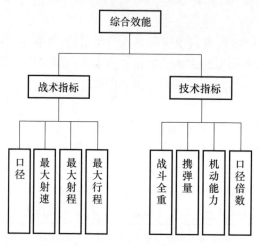

图3-3　评估指标体系

2）隶属度的计算

模糊评价武器作战效能的各项指标分为三类不同类型，根据其不同特点可选择不同的隶属度函数。

第一类指标包括携弹量、最大射程、最大射速、机动能力、最大行程五个指标，值越大越优，其隶属度函数为

$$r_a = \frac{\text{指标值}}{\text{最大指标值 } a}$$

第二类指标包括口径、战斗全重两个指标，指标值越小越优，其隶属度函数为

$$r_b = \frac{\text{最大指标值 } b}{\text{指标值}}$$

第三类指标为口径倍数，指标值适中为优。其隶属度函数为

$$r_c = \frac{\text{适中指标值 } c}{\text{适中指标值 } c + |\text{适中指标值 } c - \text{指标值}|}$$

根据以上隶属度函数计算得到的结果如表3-6所列

54

表 3 - 6　隶属度表

名称	战斗全重	携弹量	最大射速	最大射程	机动能力	口径倍数	最大行程	口径
德国 PZH2000	0.315	1	1	1	0.857	0.75	0.7	1
法国 AUFI	0.414	0.7	0.8	0.783	0.857	0.975	0.7	1
法国 MKF3	1	0.417	0.4	0.68	0.857	0.867	0.5	1
美国 M144	0.614	0.4	0.3	0.487	0.804	0.709	0.203	1
美国 M109	0.732	0.467	0.3	0.487	0.804	0.709	0.59	1
日本 75 式	0.688	0.467	0.6	0.633	0.671	0.813	0.5	1
西班牙 SB155	0.458	0.467	0.6	0.8	1	1	0.917	1
意大利 帕尔玛利亚	0.378	0.5	0.4	0.823	0.857	0.951	0.607	1
英国 威克斯	0.412	0.533	0.6	0.823	0.714	1	1	1
以色列 索尔塔姆	0.483	0.7	0.5	0.783	0.429	1	0.3	1

3)综合评估

假设第一层权重集向量 $A = (0.5, 0.5)$。根据各指标对某自动加榴炮的作战能力产生影响的程度,结合文献资料,得到第二层权重向量,其中战术指标的权重向量为 $A_1 = (0.2, 0.3, 0.25, 0.25)$;技术指标的权重向量为 $A_2 = (0.2, 0.25, 0.3, 0.25)$。

从隶属度表 3 -6 中将战术指标与技术指标分离,得到第二层模糊关系矩阵,其中战术指标的模糊关系矩阵为 $R_1 = (r_{ij})$;技术指标的模糊关系矩阵为 $R_2 = (r_{ij})$。取运算模型为 $M(\cdot, +)$ 模型。

（1）对因素子集进行综合评估。战术指标的模糊关系矩阵为

$$R_1 = \begin{bmatrix} 1 & 1 & 1 & 1 & 1 & 1 & 1 & 1 & 1 & 1 \\ 1 & 0.8 & 0.4 & 0.3 & 0.3 & 0.6 & 0.6 & 0.4 & 0.6 & 0.5 \\ 1 & 0.78 & 0.68 & 0.49 & 0.49 & 0.63 & 0.8 & 0.82 & 0.82 & 0.78 \\ 0.7 & 0.75 & 0.5 & 0.2 & 0.59 & 0.5 & 0.92 & 0.62 & 1 & 0.3 \end{bmatrix}_1$$

$$(3-39)$$

由战术指标的权重向量 $A_1 = (0.2, 0.3, 0.25, 0.25)$，可以计算得到战术指标的综合评估结果为

$$B_1 = A_1(\cdot, +)R_1 = (0.93 \quad 0.82 \quad 0.62 \quad 0.46 \quad 0.5 \quad 0.66 \quad 0.81 \quad 0.68 \quad 0.84 \quad 0.62)$$

技术指标的模糊关系矩阵为

$$R_2 = \begin{bmatrix} 0.32 & 0.41 & 1 & 0.61 & 0.73 & 0.69 & 0.46 & 0.38 & 0.41 & 0.48 \\ 1 & 0.7 & 0.42 & 0.4 & 0.47 & 0.47 & 0.47 & 0.5 & 0.53 & 0.7 \\ 0.86 & 0.86 & 0.86 & 0.8 & 0.8 & 0.67 & 1 & 0.86 & 0.71 & 0.43 \\ 0.75 & 0.98 & 0.87 & 0.71 & 0.71 & 0.81 & 1 & 0.95 & 1 & 0.3 \end{bmatrix}_1$$

$$(3-40)$$

技术指标的权重向量 $A_2 = (0.2, 0.25, 0.3, 0.25)$，可以计算得到技术指标的综合评估结果为

$$B_2 = A_2(\cdot, +)R_2 = (0.758 \quad 0.759 \quad 0.78 \quad 0.61 \quad 0.68 \quad 0.66 \quad 0.758 \quad 0.7 \quad 0.69 \quad 0.65)$$

$$(3-41)$$

（2）二级综合评判。战术指标矩阵为

$$R = \begin{pmatrix} B_1 \\ B_2 \end{pmatrix} = \begin{pmatrix} 0.93 & 0.82 & 0.62 & 0.46 & 0.50 & 0.66 & 0.81 & 0.68 & 0.84 & 0.62 \\ 0.758 & 0.759 & 0.78 & 0.61 & 0.68 & 0.66 & 0.758 & 0.7 & 0.69 & 0.65 \end{pmatrix}$$

$$(3-42)$$

第一层权重向量 $A = (0.5, 0.5)$，利用第一层权重向量 A 与模糊关系矩阵 R 可计算得出作战效能综合评判结果为

$$B = (0.84 \quad 0.79 \quad 0.69 \quad 0.55 \quad 0.62 \quad 0.66 \quad 0.78 \quad 0.68 \quad 0.75 \quad 0.63)$$

由此可知,10 种 155mm 自行加榴炮作战效能排名为:德国 PZH2000 > 法国 AUFI > 西班牙 SB155 > 英国威克斯 > 法国 MKF3 > 意大利帕尔玛利亚 > 日本 75 式 > 以色列索尔塔姆 > 美国 M109 > 美国 M144。

4）总结

通过建立模糊综合评估模型,对 10 种世界主要国家装备的 155mm 自行榴弹炮的作战效能进行评估,得到了最终排名。

3.1.5　灰色白化权函数聚类法

1. 灰色白化权函数聚类法的基本思想

灰色理论是由中国学者邓聚龙教授在1982年创立的,该理论以部分信息已知,部分信息未知的"小样本""贫信息"不确定系统为研究对象,主要通过对部分已知信息的生成、开发,提取有价值的信息,实现对系统运行行为、演化规律的正确描述和有效监控。在灰色理论中,用"黑"表示信息来知,用"白"表示信息完全明确,用"灰"表示部分信息明确、部分信息不明确。相应地,信息完全明确的系统称为白色系统,信息未知的系统称为黑色系统,部分信息明确、部分信息不明确的系统称为灰色系统。目前,灰色理论已经得到了广泛的应用,包括灰色预测、灰色决策、灰色评估、灰色规划、灰色控制等。

对复杂的大系统进行效能评估时,会存在信息不完备、不全面、不充分的情况。而灰色理论的相关原理和方法正适用于信息不完全、不充分的问题,而且灰色理论的方法对样本量及样本分布规律都没有要求。因此,可以使用灰色白化权函数聚类法对复杂大系统的效能进行评估。灰色白化权函数聚法就是根据灰色的白化权函数将一些观测指标或对象聚集成若干个可以定义的类别,将系统归入某灰类的过程,用于检测对象是否属于事先设定的不同类别,以区别对待。灰色白化权函数聚类法已广泛应用于环境、农业和资源等领域,并取得了很多有针对性的成果。

2. 灰色白化权函数聚类法的基本步骤

灰色白化权函数聚类法的基本步骤如下:

(1) 确定评估对象,以及评估对象的灰类数 s,选定评估指标 $x_j(j=1,2,\cdots,m)$。

(2) 将指标 x_j 的取值相应地分为 s 个灰类,成为 j 指标子类,j 指标 $k(k=1,2,\cdots,s)$ 子类的白化权函数为 $f_j^k(\cdot)$。$f_j^k(\cdot)$ 一般要根据实际问题的背景确定。白化权函数通常有图(3-5)所示的四种情况。

从图3-4中可以看出,典型白化权函数为

$$f_j^k(x)\begin{cases} 0, & x\notin\left[x_j^k(1),x_j^k(4)\right] \\[2mm] \dfrac{x-x_j^k(1)}{x_j^k(2)-x_j^k(1)}, & x\in\left[x_j^k(1),x_j^k(2)\right] \\[2mm] 1, & x\in\left[x_j^k(2),x_j^k(3)\right] \\[2mm] \dfrac{x_j^k(4)-x}{x_j^k(4)-x_j^k(3)}, & x\in\left[x_j^k(3),x_j^k(4)\right] \end{cases} \qquad(3-43)$$

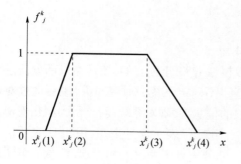

(a)典型白化权函数

(b)下限测度白化权函数

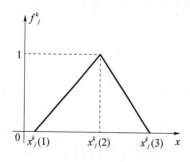

(c)适中测度白化权函数

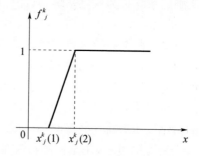

(d)上限测度白化权函数

图 3-4 白化权函数

下限测度白化权函数为

$$f_j^k(x)\begin{cases} 0, & x \notin [0, x_j^k(4)] \\ 1, & x \in [0, x_j^k(3)] \\ \dfrac{x_j^k(4) - x}{x_j^k(4) - x_j^k(3)}, & x \in [x_j^k(3), x_j^k(4)] \end{cases} \quad (3-44)$$

适中测量白化权函数为

$$f_j^k(x)\begin{cases} 0, & x \notin [x_j^k(1), x_j^k(4)] \\ \dfrac{x - x_j^k(1)}{x_j^k(2) - x_j^k(1)}, & x \in [x_j^k(1), x_j^k(2)] \\ \dfrac{x_j^k(4) - x}{x_j^k(4) - x_j^k(2)}, & x \in [x_j^k(2), x_j^k(4)] \end{cases} \quad (3-45)$$

上限测度白化权函数为

$$f_j^k(x) \begin{cases} 0, & x < x_j^k(1) \\ \dfrac{x - x_j^k(1)}{x_j^k(2) - x_j^k(1)}, & x \in \left[x_j^k(1), x_j^k(2) \right] \\ 1, & x \geqslant x_j^k(2) \end{cases} \qquad (3-46)$$

(3)j 指标 k 子类的权重 η_j^k。在确定权重时有定权和变权两种方法。定权聚类适用于指标的意义、量纲皆相同的情形。变权聚类适用于指标的意义、量纲不同,而且在数量上悬殊较大的情形。

在定权聚类中,j 指标 k 子类的权 $\eta_j^k(j = 1,2,\cdots,m; k = 1,2,\cdots,s)$ 与 k 无关,即对任意的 $k_1(k_2 \in \{1,2,\cdots,s\})$,总有 $\eta_j^{k_1} = \eta_j^{k_2}$,则可将 η_j^k 的上角标 k 略去,记为 $\eta_j(j = 1,2,\cdots,m)$,该值可以事先通过调查得到。

在变权聚类中,对于典型白化权函数,令 $\lambda_j^k = \dfrac{1}{2}(x_j^k(2) + x_j^k(3))$;对下限测度白化权函数,令 $\lambda_j^k = x_j^k(3)$;对适中测度白化权函数和上限测度白化权函数,令 $\lambda_j^k = x_j^k(2)$,可得

$$\eta_j^k = \frac{\lambda_j^k}{\sum\limits_{j=1}^{m} \lambda_j^k}$$

(4)求聚类系数向量。

变权聚类时,有

$$\sigma = (\sigma^1, \sigma^2, \cdots, \sigma^s) = \left(\sum_{j=1}^{m} f_j^1(x_j) \cdot \eta_j^1, \sum_{j=1}^{m} f_j^2(x_j) \cdot \eta_j^2, \cdots, \sum_{j=1}^{m} f_j^s(x_j) \cdot \eta_j^s \right)$$

$$(3-47)$$

定权聚类时,有

$$\sigma = (\sigma^1, \sigma^2, \cdots, \sigma^s) = \left(\sum_{j=1}^{m} f_j^1(x_j) \cdot \eta_j, \sum_{j=1}^{m} f_j^2(x_j) \cdot \eta_j, \cdots, \sum_{j=1}^{m} f_j^s(x_j) \cdot \eta_j \right)$$

$$(3-48)$$

设 $\max\limits_{1 \leqslant k \leqslant s} \{\sigma_i^k\} = \sigma_i^{k^*}$,则评估对象属于灰类 k^*。

3. 灰色白化权函数聚类法的特点

灰色白化权函数聚类法计算方法简单,综合能力较强,准确度较高,可决定对象所属的设定类别。其评估结果是一个向量,描述了聚类对象属于各个灰类的强度。根据向量对聚类结果进行再分析,提供比其他方法丰富的评判信息。对于评估等级领域属于灰类的问题都可以应用这种方法,可用于多因素多指标的综合评估。此方法克服了传统单一值评估多指标多因素的弊病。

4. 评估实例

1）作战效能指标体系的确定

根据实际情况,自行火炮作战效能分为五方面,即毁伤能力、反应能力、机动能力、防护能力、R&M&S,作战效能指标体系如图3 – 5所示。

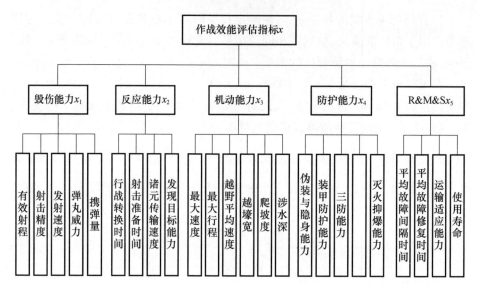

图3 – 5　作战效能指标体系

2）评估指标权重和评价灰类的确定

（1）根据某型自行火炮评估指标体系,由承制单位科研人员、驻厂军代表、部队代表及相关专家组成的专家组结合研制、试验、生产和实弹射击等情况采用PHA法确定。

（2）将某型自行火炮系统作战效能等级划分为四个评价灰类,灰类序号为$k(k = 1,2,3,4)$,分别表示较低、一般、较高和很高。在作战效能分析中,部分指标采用定性描述,对灰色评估稍作改进,引入1 ~ 9标序法（表3 – 7）,将定性分析统一用定量数字约定。对于逆向指标,取其倒数,化为正向指标。评估指标权重及灰类具体如表3 – 8所列。

表3 – 7　11 ~ 9标度

定义	很低	较低	一般	较高	很高	相邻定义之间
标度	1	3	5	7	9	2,4,6,8

表3-8　评估指标权重及灰类

指标 x		权重	较低	一般	较高	很高
毁伤能力 x_1	x_{11}	0.060	(1,3)	(3,5)	(5,7)	(7,9)
	x_{12}	0.066	(1,3)	(3,5)	(5,7)	(7,9)
	x_{13}	0.054	(1,3)	(3,5)	(5,7)	(7,9)
	x_{14}	0.072	(1,4)	(4,6)	(6,8)	(8,9)
	x_{15}	0.048	(1,3)	(3,5.5)	(5.5,7)	(7,9)
反应能力 x_2	x_{21}	0.056	(1,4)	(4,6)	(6,8)	(8,9)
	x_{22}	0.042	(1,4)	(4,6)	(6,8)	(8,9)
	x_{23}	0.022	(1,4)	(4,6)	(6,8)	(8,9)
	x_{24}	0.080	(1,4)	(4,6)	(6,8)	(8,9)
机动能力 x_3	x_{31}	0.036	(1,2)	(2,4)	(4,8)	(8,9)
	x_{32}	0.036	(1,2)	(2,4)	(4,8)	(8,9)
	x_{33}	0.050	(1,2)	(2,4)	(4,8)	(8,9)
	x_{34}	0.026	(1,2)	(2,4)	(4,8)	(8,9)
	x_{35}	0.026	(1,2)	(2,4)	(4,8)	(8,9)
	x_{36}	0.026	(1,2)	(2,4)	(4,8)	(8,9)
防护能力 x_4	x_{41}	0.090	(13)	(3,5.5)	(5.5,8)	(8,9)
	x_{42}	0.036	(1,2)	(2,5)	(5,7)	(7,9)
	x_{43}	0.018	(1,2)	(2,5)	(5,7)	(7,9)
	x_{44}	0.018	(1,2)	(2,5)	(5,7)	(7,9)
	x_{45}	0.018	(1,2)	(2,5)	(5,7)	(7,9)
R&M&S x_5	x_{51}	0.024	(1,3.5)	(3.5,6)	(6,8)	(8,9)
	x_{52}	0.024	(1,3.5)	(3.5,6)	(6,8)	(8,9)
	x_{53}	0.024	(1,3.5)	(3.5,6)	(6,8)	(8,9)
	x_{54}	0.048	(1,3.5)	(3.5,6)	(6,8)	(8,9)

3）灰类白化权函数值的计算

根据某型自行火炮作战效能评估指标，结合专家评判，得到一组各指标实际值：4.9、6.5、5.1、5.8、4.2；4.9、5.6、6.9、5.5；7.1、6.1、4.8、5.8、5.3、6.0；4.3、5.1、3.8、6.9、4.8；3.3、3.9、6.2、4.9。

以评价指标为序，将表3－8中的数据、各指标延拓值和实际值代入 λ_k 和式（3－43）中，可计算出指标对应灰类的白化权函数值。如 $j=2$，可将射击精度延拓至 $x_{12}^0=0.5$，$x_{12}^5=9.5$。分别取4个灰类阈值 $x_{12}^1=1$，$x_{12}^2=3$，$x_{12}^3=5$，$x_{12}^4=7$，$x_{12}^5=9$。λ_k 取 x_1^k 和 x_1^{k+1} 的均值得 $\lambda_1^1=2$，$\lambda_1^2=4$，$\lambda_1^3=6$，$\lambda_1^4=8$。将上述数据和实际值 $x_{12}=4.9$ 代入适中测量白化权函数（式3－45）可计算出关于射击精度 x_{12} 相对于4个灰类的白化权函数值分别为 $f_1^2(6.5)=0$，$f_2^2(6.5)=0.1667$，$f_2^3(6.5)=0.8333$，$f_2^4(6.5)=0.5$。

限于篇幅，24个评价指标关于4个灰类的96个白化权函数值不具体罗列。

4）综合聚类系数的计算与结果分析

采用定权聚类（式3－48）计算某型自行火炮作战效能关于灰类 k 的综合聚类系数分别为

$$
\begin{cases}
\sigma_j^1 = \sum_{j=1}^{24} f_j^1(x_{ij})\eta_j = 0.1399 \\[2mm]
\sigma_j^2 = \sum_{j=1}^{24} f_j^2(x_{ij})\eta_j = 0.6852 \\[2mm]
\sigma_j^3 = \sum_{j=1}^{24} f_j^3(x_{ij})\eta_j = 0.5776 \\[2mm]
\sigma_j^4 = \sum_{j=1}^{24} f_j^4(x_{ij})\eta_j = 0.1491
\end{cases}
\tag{3-49}
$$

由 $\max\{\sigma_j^k\}=\sigma_j^2=0.6852$ 可以看出，某型自行火炮作战效能属于"一般层次"，并具有从"一般层次"向"较高层次"转换的潜力，符合某型自行火炮作战效能的实际。

3.2 自行火炮武器系统操作性评估

现代自行火炮武器系统技术先进、结构复杂、操作空间狭小，对操作人员的要求越来越高，但人的能力毕竟有限，这种矛盾只有通过人机工程设计，使自行火炮武器系统的操作更符合人的生理心理特征，更有利于人的操作，才能有效解决。自行火炮武器系统的操作性好坏是指自行火炮的火力—火控系统按人机工程的要求进行设计，能否使炮手操作达到"方便、安全、正确"的目标。如果自行火炮操作性不好,不但炮手不能高效、安全、可靠地操作、使用火炮,难以充分发挥其作战效能(有时甚至不能使用),而且容易引起人为差错,产生故障或事故,严重威胁人员和装备的安全。在进行靶场定型试验时,依据人机工程设计的要求,对自行火炮武器系统的操作性进行科学评估具有重要意义。

目前,靶场在进行自行火炮武器系统操作性评估时,主要依据炮手在火炮试验过程中对勤务性能体验的主观感受,存在指标选择随意、缺乏科学评估方法等问题。

3.2.1 自行火炮武器系统操作性影响因素

现代自行火炮武器系统的操作方式已由手动过渡为半自动和全自动,炮手与火炮的互动更加多元,活动空间进一步受限,这一切使人、火炮、环境的关系更为复杂。基于此,影响火炮操作性的主要因素有三个。

(1)操控性因素。指直接影响操作动作完成质量或降低操作效率的因素,包括三方面内容:一是人的因素,即设计时是否考虑人的生理心理极限并留有足够余量,是否考虑人的生理心理特点和习惯,如系统反应时间(指从火炮接收指令到完成射击准备所用的时间,其中人的动作包括装填和瞄准);二是功能分配,即设计时是否考虑人与机器各自的优势和不足,合理进行功能分配,如数据输入方便性(使用火控计算机时,人工计算和换算量的大小);三是人机界面设计,即显示器和控制器的设计是否符合人的生理和心理习惯,如显示器易辨性。

(2)安全性因素。指影响人安全使用火炮的因素,包括两方面的内容:一是操作环境中影响炮手安全的因素,如有害气体浓度;二是炮手在完成操作动作时可能影响其人身安全的因素,如安全连锁装置设计(指是否在射击各个环节有可靠的安全连锁设计)。

(3)容错性因素。由于人自身的生理心理特征,不能完全避免主观上的失误,容错性因素就是从客观上能避免这种失误的发生、降低失误发生后危害程度或缩短处置危害所用时间的因素。例如,射击保险(指是否为装填手设计可靠的解锁装置来防止意外走火)、故障定位功能(指能否为多种故障提供定位,进行辅助判断)等。

3.2.2 自行火炮武器系统操作性评估指标体系

根据自行火炮武器系统操作性影响因素,可以确立自行火炮武器系统操作性评估指标体系,其体系结构如图3-6所示。

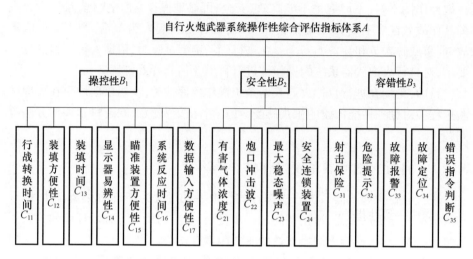

图3-6 自行火炮武器系统操作性评估指标体系

3.2.3 自行火炮武器系统操作性评估模型

1. 利用 AHP 法确定权重

（1）构造判断矩阵。对同一层次的各指标关于上一层指标的重要性进行两两比较,按照 1~9 标度法（表3-9）构造两两比较判断矩阵。

表3-9 AHP 法两两比较标度

标度 a_{ij}	定　义
1	i 因素与 j 因素相同重要
3	i 因素比 j 因素略重要
5	i 因素比 j 因素较重要
7	i 因素比 j 因素非常重要
9	i 因素比 j 因素绝对重要
2,4,6,8	为以上两判断之间的中间状态对应的标度值
倒数	若因素 j 与 i 因素比较,得到判断值为 $a_{ji} = 1/a_{ij}$

设有 n 个指标,采用表3-9AHP 法的两两比较标度对它们进行比较,其比值构成 $n \times n$ 判断矩阵 A,即

$$A = \begin{bmatrix} \dfrac{w_1}{w_1} & \dfrac{w_1}{w_2} & \cdots & \dfrac{w_1}{w_n} \\[2ex] \dfrac{w_2}{w_1} & \dfrac{w_2}{w_2} & \cdots & \dfrac{w_2}{w_n} \\ \vdots & \vdots & & \vdots \\ \dfrac{w_n}{w_1} & \dfrac{w_n}{w_2} & \cdots & \dfrac{w_n}{w_n} \end{bmatrix} \qquad (3-50)$$

（2）一致性检验。设判断矩阵 A 的一致性指标为 CI，最大特征值为 $\lambda_{\max}$，则

$$CI = \frac{\lambda_{\max} - n}{n - 1}$$

另外，随机一致性指数为 RI，其一致性指数如表 3 − 10 所列。

表 3 − 10　随机一致性指数

n	1	2	3	4	5	6	7	8	9	10
RI	0	0	0.58	0.9	1.12	1.24	1.32	1.41	1.45	1.49

通常，用相对一致性指数 CR 作为检验判断矩阵一致性的指标，即

$$CR = \frac{CI}{RI}$$

若 CR > 0.1，则应该修改判断矩阵；若 CR ≤ 0.1，则该判断矩阵有较好的一致性，该判断矩阵有效。

（3）计算权重向量。求取判断矩阵 A 的最大特征值对应的归一化特征向量为 $\boldsymbol{R} = (r_1, r_2, \cdots, r_n)$，即为对应指标相对于上级指标的权重值。

2. 操作性的模糊综合评估方法

（1）原始数据处理。对有量纲的数据进行去量纲化处理，并统一按照优、良、中、差（100、80、60、40）进行等级划分，对每组数据取平均值。

（2）合成运算。利用模糊矩阵的合成运算原理，计算其评估结果。

设最终评估结果为 D；一级指标的评估结果为 D_i，其权重值为 $\lambda_i (i = 1, 2, \cdots, n)$；二级指标值为 D_{ij}，其权重值为 $\lambda_{ij} (j = 1, 2, \cdots, m)$，则有以下评估结果。

一级指标评估结果为

$$D_i = \sum_{j=1}^{m} (D_{ij} \cdot \lambda_{ij})$$

最终评估结果为

$$D = \sum_{i=1}^{n} (D_i \cdot \lambda_i)$$

3.2.4 自行火炮武器系统操作性评估实例

以甲、乙、丙三种相同口径不同型号的自行火炮为例,对其武器系统的操作性进行评估,其中定量指标由同一个测量系统连续进行三次测量,定性指标由三组测试者按照四个等级(优、良、中、差)分别给出评估,判断矩阵与权重向量如表 3－11 所列。

1. 利用层次分析法构造判断矩阵并计算权重

表 3－11 判断矩阵与权重向量

指标对应关系	判断矩阵	权重	一致性检验指标
指标层 B 对于目标层 $A(B-A)$ 的两两比较判断矩阵	$$B = \begin{bmatrix} 1 & 7/9 & 7/5 \\ 9/7 & 1 & 9/5 \\ 5/7 & 5/9 & 1 \end{bmatrix}$$	$$W_B = \begin{bmatrix} 0.33 \\ 0.43 \\ 0.24 \end{bmatrix}$$	$CR = 0.000$
指标层 C 对于指标层 $B(C_1-B_1, C_2-B_2, C_3-B_3)$ 的两两比较判断矩阵	$$C_1 = \begin{bmatrix} 1 & 8/7 & 4/3 & 8/5 & 4/3 & 4/3 & 2 \\ 7/8 & 1 & 7/6 & 7/5 & 7/6 & 7/6 & 7/4 \\ 3/4 & 6/7 & 1 & 6/5 & 1 & 1 & 3/2 \\ 5/8 & 5/7 & 5/6 & 1 & 5/6 & 5/6 & 5/4 \\ 3/4 & 6/7 & 1 & 6/5 & 1 & 1 & 3/2 \\ 3/4 & 6/7 & 1 & 6/5 & 1 & 1 & 3/2 \\ 1/2 & 4/7 & 2/3 & 4/5 & 2/3 & 2/3 & 1 \end{bmatrix}$$	$$W_{C_1} = \begin{bmatrix} 0.19 \\ 0.17 \\ 0.14 \\ 0.12 \\ 0.14 \\ 0.14 \\ 0.1 \end{bmatrix}$$	$CR = 0.000$
	$$C_2 = \begin{bmatrix} 1 & 3 & 9/4 & 1 \\ 1/3 & 1 & 3/4 & 1/3 \\ 4/9 & 4/3 & 1 & 4/9 \\ 1 & 3 & 9/4 & 1 \end{bmatrix}$$	$$W_{C_2} = \begin{bmatrix} 0.36 \\ 0.12 \\ 0.16 \\ 0.36 \end{bmatrix}$$	$CR = 0.000$
	$$C_3 = \begin{bmatrix} 1 & 3/4 & 6/7 & 6/5 & 6/5 \\ 4/3 & 1 & 8/7 & 8/5 & 8/5 \\ 7/6 & 7/8 & 1 & 7/5 & 7/5 \\ 5/6 & 5/8 & 5/7 & 1 & 1 \\ 5/6 & 5/8 & 5/7 & 1 & 1 \end{bmatrix}$$	$$W_{C_3} = \begin{bmatrix} 0.19 \\ 0.26 \\ 0.23 \\ 0.16 \\ 0.16 \end{bmatrix}$$	$CR = 0.000$

2. 操作性的模糊综合评估

(1) 按照上述步骤对表 3－11 中的原始数据进行模糊处理,得到表 3－12 的数据。如对火炮甲的作战转换时间:当作战转换时间不大于 30s 时,评定等级为优,评估值为 100;当 30s 小于作战转换时间不大于 35s 时,评定等级为良,评估值为 80；当 35s 小于作战转换时间不大于 40s 时，评定等级为中，评估值为 60；当作战转换时间大于 40s 时，评定等级为差，评估值为 40；然后对三组数据取平均值得到表 3 – 12 的数据。

表 3 – 12　对原始数据进行处理后的数据

指标	一级指标	一级指标权重	二级指标	二级指标权重	火炮		
					甲	乙	丙
自行火炮武器系统操作性评价	操控性	0.33	作战转换时间	0.1905	93	100	60
			装填方便性	0.1667	80	67	93
			装填时间	0.1429	67	93	80
			显示器易辨性	0.1190	47	93	67
			瞄准装置方便性	0.1429	67	100	93
			系统反应时间	0.1429	60	100	93
	安全性	0.43	数据输入方便性	0.0952	73	67	93
			有害气体浓度	0.3600	100	80	60
			炮口冲击波	0.1200	53	93	100
			最大稳态噪声	0.1600	100	80	80
			安全连锁装置	0.3600	100	93	80
	容错性	0.24	射击保险	0.1935	100	93	93
			危险提示	0.2581	100	80	60
			故障报警	0.2258	80	100	100
			故障定位	0.1613	80	100	80
			错误指令判断	0.1613	100	80	100

（2）利用模糊矩阵的合成运算原理，进行数据聚合。根据表 3 – 12 中的数据，令

$$\begin{cases} C_{\text{甲}1} = [93,80,67,47,67,60,73] \\ C_{\text{甲}2} = [100,53,100,100] \\ C_{\text{甲}3} = [100,100,80,80,100] \end{cases} \qquad (3-51)$$

$$\begin{cases} C_{\text{乙}1} = [100,67,93,93,100,100,67] \\ C_{\text{乙}2} = [80,93,80,93] \\ C_{\text{乙}3} = [93,80,100,100,80] \end{cases} \qquad (3-52)$$

$$\begin{cases} C_{丙1} = [60,93,80,67,93,93,93] \\ C_{丙2} = [60,100,80,80] \\ C_{丙3} = [93,60,100,100,100] \end{cases} \quad (3-53)$$

设三种火炮的评估结果分别为 $P_甲,P_乙,P_丙$,则

$$\begin{cases} P_甲 = [C_{甲1} \cdot W_{C1},C_{甲2} \cdot W_{C2},C_{甲3} \cdot W_{C3}] \cdot W_B \\ P_乙 = [C_{乙1} \cdot W_{C1},C_{乙2} \cdot W_{C2},C_{乙3} \cdot W_{C3}] \cdot W_B \\ P_丙 = [C_{丙1} \cdot W_{C1},C_{丙2} \cdot W_{C2},C_{丙3} \cdot W_{C3}] \cdot W_B \end{cases} \quad (3-54)$$

将表 3-11 中的数据代入式(3-54),计算得到最终评估结果为

$$\begin{cases} P_甲 = 87.176 \\ P_乙 = 88.2913 \\ P_丙 = 80.5117 \end{cases} \quad (3-55)$$

从评估结果式(3-55)可以看出,乙种火炮综合得分最高,甲种火炮综合得分次之,丙种火炮综合得分最低,故乙种火炮操作性最好,甲种火炮操作性次之,丙种火炮操作性最差。

第4章　车载炮评估

车载炮是以成熟的轮式卡车底盘为基础,行军/战斗转换依靠液压机构自动完成,经过适应性改进后搭载中大口径的榴弹炮。火力控制方面配备了火控计算机、惯性导航定位仪、炮口测速雷达、炮膛温控仪及数据传输和话音传输通信设备等。作战时炮手通过操作面板输入发射弹丸种类、装药号、引信等数据资料,火控计算机在行军/战斗转换过程中完成测地,在收到指挥所传来的目标坐标后自动计算射击诸元,通过高低方向伺服机构自动完成瞄准过程。火炮配备了半自动装填机构,装填手只需要将炮弹放在托弹盘上,输弹机就可以自动设定引信并输弹入膛,装填手装入发射药并闭锁炮膛,就可以进行发射。

车载炮是从低价高效的原则出发,把技术相对成熟的火炮、车辆及火控整合为一个系统,提高装备的整体作战效能。在降低成本的同时,使得维护保养也更加简单方便。随着现代科学技术的发展,未来战场环境日趋复杂多变,要求火炮具有精确打击和自主作战能力,实施"打了就跑"的战术。因此,火炮发展集中于提高其威力、机动性、生存能力和反应能力等综合效能。车载炮较履带式自行火炮重量减轻了50%以上,其优良的机动性、空运能力以及生产成本低、维护保养使用方便等优点,已经引起世界各国的普遍关注。

4.1　车载炮指标体系

4.1.1　功能分析

根据车载炮的使命任务和作战流程:首先从分析完成战斗任务所必需的功能入手,可以得出决定和影响车载炮作战能力的三个关键因素,即攻击能力、机动能力和防护能力;其次将这些能力进一步分解成为若干种分能力;最后将这些分能力进一步细化形成该能力的主要性能指标,建立指标评价体系(图4-1)。

(1)攻击能力。是指车载炮能够毁伤地面目标的能力,它包括接收目标坐标、解算诸元、调炮到位、装填击发、自动复瞄、有效毁伤的能力。

(2)机动能力。是指车载炮为保证完成基本任务,克服各种自然和人为障碍,迅速转移阵地及行军/战斗转换的能力。

（3）防护能力。是指车载炮不易被敌侦察器材发现，受到攻击后避免命中，命中后抗毁伤及"三防"能力。它是武器系统受到敌方攻击时不实施反击，也不采取规避动作条件下的固有生存能力。

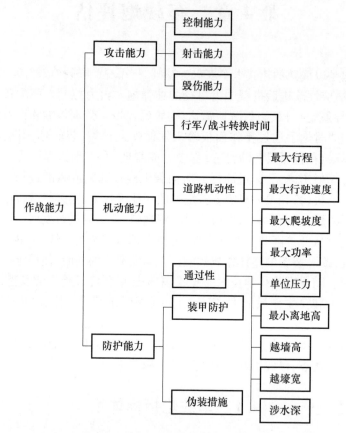

图 4-1　车载炮的使命任务和作战能力

1. 车载炮的优点

1）便于实现武器平台的数字化、信息化、自动化

数字化、信息化、自动化是衡量现代火炮作战效能，特别是单炮自主作战能力高低的主要指标。压制火炮数字化、信息化、自动化的构成应包括先进的定位定向导航系统、数字通信系统、火控系统、随动操瞄系统、自动或半自动供输弹系统等。与牵引火炮相比，车载炮由于具备车、炮一体的武器平台（卡车底盘），首先解决了全系统的电源供应问题，极大地改善了定位定向导航系统、数字通信系统、火控系统的安装配置环境（牵引火炮在此方面受限较大），其次根据火炮的

总体布局,便于实现火炮的全自动操瞄和自动、半自动弹药装填。其在单炮自主作战能力、火力的快速反应、阵地快速占领与变换机动等方面都要显著优于普通牵引火炮。

2)具有较强的远程投送、部署能力和较好的战场机动能力

目前,随着高速公路网的建设不断发展,国内高速公路通车总里程已达2万多千米,位居世界第二位。高速公路网的建设为轮式部队实施广泛快速的战略、战役机动提供了极大便利。轮式自行火炮公路最大时速可达70~90km/h,一次加注的最大行程在600km以上,一昼夜行军里程在1000km以上。整体投送效能远高于履带式为主的重型机械化装备。

在战场机动方面,车载炮在越野能力方面虽然赶不上履带自行火炮,但是作为"二线"使用的远程火力支援武器,完全可以根据战场的实际情况,由战术使用上进行弥补。在野战条件下与牵引火炮相比,车载炮则具备转弯半径小、行驶安全性高、越障能力强的优点。

3)全寿命周期费用低、后勤及维修保障方便

车载炮由于采用加固的通用卡车底盘,与履带装甲底盘和轮式装甲底盘相比,不仅研制费、装备订购费要低1/5~1/2,而且部队服役期内底盘的动力、传动部分磨损消耗小,使用寿命周期长,可靠性高,故障率低,因此武器装备的全寿命周期费用也大大低于履带装甲底盘和轮式装甲底盘。此外,由于卡车底盘的零部件标准化程度高,通配性好,带来的后勤及维修保障也比较方便。

2. 车载炮的不足

1)武器系统抗毁伤与整体防护能力较弱

由于不具备装甲防护和火炮炮塔,炮班人员完全是在车外开放的环境下操瞄火炮(同牵引炮),因而对来自敌方地面和空中目标的袭击基本不具备直接防护的能力。但如上所述,车载炮作为"二线"使用的远程火力支援武器,对装甲防护问题(防弹片、防轻武器)的要求相对降低。为了提高炮兵的战场生存能力,可以通过主动的战术、技术方法来实现,如严密伪装、快打快撤、不断机动等。

2)火炮的高低和方向射界受限制较大

根据法国陆军军械工业集团研制的"凯撒"车载155mm榴弹炮和瑞典博福斯公司研制的APS2000式车载155mm榴弹炮的总体布局与战技指标情况看,上述两种车载炮均是对卡车底盘仅进行了一般性的加固,大的结构没有调整,火炮通过基座结合到卡车的车尾部位,同时车体还连接一个液压控制的大架驻锄一体的射击稳定装置与地面接触。火炮射击时的指向与车体行进方向一致,方向基准同车体纵轴线。这样,由于尾部驻锄板左右抗力的限制和前部驾驶舱的制

约,使车载炮的高低、方向射界受到相当大的影响。但是,作为远程火力支援武器,从最小射程6km到最大射程40km,在车辆不作移动的前提下其火力机动正面范围为4~28km,基本满足师一级炮兵火力控制范围的要求。法国"凯撒"车载榴弹炮的方向射界只有左右各17°,瑞典APS2000的最低射角仅为+20°。

3)炮口冲击波对驾驶室的影响较大

车载炮射击时,驾驶室正好处于炮口下方。52倍口径的155mm火炮发射时的炮口动能可达20MJ。火炮为了减小后坐长度,采用了高效的炮口制退器,所承担的后坐动能近50%。在小射角射击时,从炮口制退器侧排气孔喷射出的燃气往往直接作用在驾驶室的前窗玻璃上,对车窗等部位的冲击振动较大。法国"凯撒"车载榴弹炮采用了全装甲防护的驾驶室,车窗玻璃使用了防弹玻璃。

4)炮手射击勤务操作问题

车载炮射击前需要炮手从炮车(或弹药输送车)上取送弹药,在炮手完成弹药准备,操作方法与牵引炮相似。弹丸入膛由输弹机完成,但是需要2名炮手人工传递至输弹机,药筒装填也需要人工完成,对炮手体力消耗较大。此外,在坚硬地面(如冻土地)行军/战斗转换驻锄设置需要人工协助。

4.1.2 主要战术技术指标及使用要求

1. 一般要求

通用化、系列化、模块化设计是简化部队训练保障和技术保障的重要技术原则,研制方应当遵循这一原则。

(1)环境适应性要求。①工作环境温度;②储存环境温度;③工作环境湿度;④特殊地区适应性;⑤天候条件;⑥运输适应性;⑦分系统或设备的运输、振动、冲击、沙尘、盐雾、霉菌和淋雨等环境适应性。

(2)电磁兼容要求。①系统电磁兼容性要求;②各分系统或设备的电磁兼容性要求。

(3)人—机—环境系统设计要求。①炮手操作力量;②炮位脉冲噪声量限;③车内稳态噪声量限;④采暖通风;⑤加强驾/乘人员乘坐舒适性、操作方便性的设计。

(4)通信要求。火炮通信应以无线为主,有线为辅,能与相应的装备进行有线、无线以及有线/无线混合组网,具备数据传输和话音传输功能,具有保密抗干扰功能。

(5)供电要求。供电特性应符合有关规定的要求。

(6)标志要求。标志要求应符合军用越野汽车规范中的有关规定。

（7）软件工程化要求。软件工程化要求应符合软件研制的有关规定。

2. 车载炮总体战术技术指标要求

车载炮总体战术技术指标要求如下：

（1）战斗全重；

（2）炮班人数；

（3）外廓尺寸；

（4）主要武器；

（5）射击准确度；

（6）携弹量；

（7）辅助武器；

（8）车内行驶噪声；

（9）系统反应时间；

（10）行军/战斗转换时间；

（11）可靠性、维修性、保障性、安全性、测试性。

3. 火力系统功能与性能要求

火力系统功能与性能要求如下：

（1）口径；

（2）配用弹种；

（3）最大射程；

（4）最大射程地面密集度；

（5）高低射界；

（6）方向射界；

（7）射速；

（8）弹药装填；

（9）高低机与方向机；

（10）瞄准具与瞄准镜。

4. 火控系统功能与性能要求

火控系统应以实现火炮自动瞄准、射击为主要目标进行设计,同时还须兼有手动瞄准等降级使用方式。

（1）功能要求:①基本要求;②数据输入;③诸元计算;④最低表尺计算;⑤自动复瞄;⑥导航指示;⑦射击修正;⑧电气管理控制;⑨数据存储。

（2）性能要求:①自动瞄准精度;②自动操瞄反应时间;③采用惯性定位定向导航系统;④定向系统反应时间;⑤诸元计算精度;⑥连续工作时间;⑦导航平均故障间隔里程;⑧通信系统;⑨电磁兼容性;⑩抗冲击振动性能。

5. 底盘功能与性能要求

（1）主要功能。底盘用于承载火力系统，提供车载设备所需能源，满足火炮在野战条件下的射击和机动要求。

（2）性能要求：①底盘自重；②越野承载能力；③发动机最大功率；④公路最大行驶速度；⑤越野平均行驶速度；⑥加速时间；⑦制动距离；⑧最小转弯半径；⑨过垂直障碍高；⑩越壕宽；⑪车底距地高；⑫最大爬坡度；⑬最大侧倾行驶坡度；⑭涉水深；⑮最大行程；⑯平均故障行驶里程；⑰中央充放气系统；⑱结构刚强度。

6. 防护性能

防护性能要求如下：

（1）装甲防护要求；

（2）迷彩防护要求。

4.2　车载炮效能评估

4.2.1　系统效能分析方法

武器装备性能通常用于描述一个系统完成某种特定任务的总体能力，武器系统的作战使用效果，取决于在一定的使用环境和条件下该武器装备系统完成某种预定作战使用任务的一组功能。这些功能可以用系统的某种输出特性加以描述，因为系统效能和系统输出之间有着密切联系。系统输出，是指武器系统的基本目标，即要求其完成某种规定的作战使用任务。进行效能分析的目的，就是了解完成规定作战使用任务的有效性，寻求武器系统获得规定效能的条件。

系统效能分析通常包括三个内容：一是定义武器系统的效能参数，并合理选择效能指标；二是根据给定的条件，计算效能指标值；三是进行多指标效能综合评价，由诸参数效能求出效能综合评价。

系统效能分析包括以下几个步骤：确定系统效能参数，分析系统可用性，分析系统可靠性，分析系统能力，计算系统效能。

美国工业界武器装备效能咨询委员会模型（ADC 模型）是一种评价系统效能的经典模型，它规定系统效能（system effectiveness）是衡量一个系统满足一组特定任务要求的程度的度量，是系统可用性、可信赖性和作战能力的函数。可用性是对系统在开始执行任务时系统状态的量度；可信赖性是对系统在执行任务过程中系统状态的量度；作战能力是系统完成被赋予任务的能力。可用性、可信赖性和作战能力分别描述系统从开始执行任务起,至系统终结执行任务这一过程中的三个基本状态。正是这三个基本状态,构成了武器装备的系统效能。

车载炮系统的系统效能及其可用性、可信赖性和作战能力三方面的具体构成,如图4-2所示。

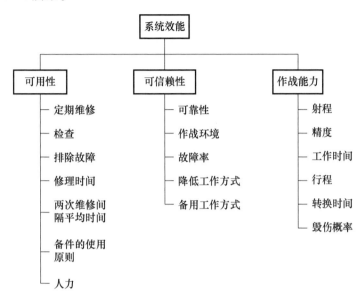

图4-2　车载炮系统的系统效能构成

ADC模型规定系统效能指标是武器装备系统可用度、任务可信度、作战能力的函数,用一个行向量 E 表示,即

$$E = A \cdot D \cdot C$$

其中, $E = [e_1, e_2, \cdots, e_m]$ 为系统效能指标向量, $e_i(i=1,2,\cdots,m)$ 是对于系统第 i 项任务要求的效能指标。

$A = [a_1, a_2, \cdots, a_n]$ 为 n 维可用度向量,是系统在执行任务开始时刻可用程度的度量,反映武器装备系统的使用准备程度, A 的任意分量 $a_j(j=1,2,\cdots,n)$ 是开始执行任务时系统处于状态 j 的概率, j 为可用程度系统的可能状态序号。一般来说,系统的可能状态由各系统的可工作状态、工作保障状态、定期维修状态、故障状态、等待备件状态等组合而成。显然,系统处于可工作状态的概率是可能工作时间与总时间的比值,可用度与武器装备系统维修性、维修管理水平、修理人员数量及其水平、器材供应水平等因素有关。

D 为任务可信赖度或可信度,表示系统在使用过程中完成规定功能的概率,由于系统有 n 个可能状态,则可信度是一个 $n \times m$ 矩阵(称为可信赖性矩

阵),即

$$D = \begin{bmatrix} d_{11} & d_{12} & \cdots & d_{1n} \\ d_{21} & d_{22} & \cdots & d_{2n} \\ \vdots & \vdots & & \vdots \\ d_{n1} & d_{n2} & \cdots & d_{nn} \end{bmatrix}$$

式中:d_{ij}($i = 1,2,\cdots,n$;$j = 1,2,\cdots,n$)是使用开始时刻系统处于 i 状态的、而后在使用过程中转移到 j 状态的概率,显然,$\sum_{i=1}^{n} d_{ij} = 1$。

当武器系统在使用过程中不能修理,开始处于故障状态的系统在使用过程中不可能再开始工作,如果设定的状态序号越大,表示故障状态越多,可信度矩阵成为三角矩阵,即

$$D = \begin{bmatrix} d_{11} & d_{12} & \cdots & d_{1n} \\ 0 & d_{22} & \cdots & d_{2n} \\ \vdots & \vdots & & \vdots \\ 0 & 0 & \cdots & d_{nn} \end{bmatrix}$$

任务可信度直接取决于武器装备系统可信赖性和使用过程中的修复性,与人员素质、指挥因素等有关。

C 为系统运行或作战的能力,表示在系统处于可用及可信状态下,系统能达到任务目标的概率。一般情况下,系统能力 C 是一个 $n \times m$ 矩阵,即

$$C = \begin{bmatrix} c_{11} & c_{12} & \cdots & c_{1m} \\ c_{21} & c_{22} & \cdots & c_{2m} \\ \vdots & \vdots & & \vdots \\ c_{n1} & c_{n2} & \cdots & c_{nm} \end{bmatrix}$$

式中,c_{ij}($i = 1,2,\cdots,n$;$j = 1,2,\cdots,m$)为系统在可能状态 i 下达到第 j 项要求的概率。在操作正确高效的情况下,它取决于武器装备系统的设计能力。

系统效能模型最终表示为 $A \cdot D \cdot C$ 三个量的乘积,A 为系统在使用前处于规定战斗状态且可靠投入使用的概率;D 为使用中系统可靠工作的概率;C 为武器装备系统在使用可靠条件下完成战斗任务的概率。因此,E 实际上是考虑到武器系统使用可信赖性及使用准备特性的作战效能指标。

4.2.2　车载炮系统效能评估模型

车载式火炮武器系统(简称车载炮系统)是以卡车底盘为承载平台,在摩托化部队或轻型机械化部队编成内遂行火力支援任务,用于完成火力准备、火力支

援、火力遮断、火力破坏和火力对抗等战术任务。要求其机动距离和速度能够伴随摩托化部队行动,火力反应快,自身携带一定数量弹药,补充方便,具备火力指挥和控制的自动化,利用有限的经费取得最佳的总体性能。

1. 建立综合能力评价的指标体系

由系统效能的 ADC 模型可知,要建立车载炮系统的效能模型,关键要研究车载炮系统的定量评价方法。因此,需要从系统分析入手,采用 AHP 法,通过分析决定和影响车载炮系统作战能力的三个因素:攻击能力、机动能力和防护能力,同时又将这些能力进一步分解成为若干种分能力,最后将这些分能力进一步分解形成该能力的主要性能指标,建立指标评价体系。

(1) 攻击能力。是指车载炮系统能够毁伤地面目标的能力,它包括接收目标坐标、解算诸元、调炮到位、装填击发、自动复瞄和有效毁伤的能力。

(2) 机动能力。是指车载炮系统为保证完成基本任务,克服各种自然和人为障碍,迅速转移阵地及行战转换的能力。

(3) 防护能力。是指车载炮系统不易被敌方发现,受到攻击后避免命中,命中后抗毁伤及"三防"能力。它是武器系统受到敌方攻击时不实施反击,也不采取规避动作条件下的固有生存能力。

2. 建立评估系统效能的数学模型

1) 总体效能模型

车载炮系统是由多个子系统构成的复杂系统,而形成车载炮系统作战能力有三大子系统:一是火力系统,主要用于完成火力打击任务,包括确定自身坐标和方位,接收目标坐标和解算射击诸元,向目标发射弹丸等;二是运行系统,主要用于完成阵地转移和战场机动任务;三是各种防护器材和措施(称为防护系统),主要用于提高自身固有生存能力。

虽然三大子系统是构成车载炮系统不可缺少的组成部分,但是在战场上基本上是彼此独立地履行各自的任务,而且其中一个子系统能力的高低不会对其他两个子系统产生显著影响。因此,可以把车载炮系统效能分析分解为三大子系统效能的加权和,即

$$E = W_1 \cdot E_f + W_2 \cdot E_m + W_3 \cdot E_p$$

式中:E 为车载炮系统的总体效能;E_f 为火力火控系统效能;E_m 为运行系统效能,E_p 为防护系统效能,W_1、W_2、W_3 依次为火力火控系统效能、运行系统效能和防护系统效能对于车载炮系统总体效能的权重值。

2) 火力火控系统效能计算模型

火力火控系统包括火力系统和火控系统,其效能 E_f 用下式确定,即

$$E_f = (1 - P_f) \mathbf{A}_f \cdot \mathbf{D}_f \cdot \mathbf{C}_f$$

式中:P_f 为火力系统射击故障率;$\mathbf{A}_f$ 和 $\mathbf{D}_f$ 为火控系统的可靠性、维修性参数决定的可用性向量和可信赖性矩阵;$\mathbf{C}_f$ 为由火控系统和火力系统性能参数决定的能力向量。

假设火控系统只有正常和故障两种状态,而且在执行任务期间出现的故障不可修复,则可用性向量为

$$\mathbf{A}_f = (a_{f1}, a_{f2})$$

其中

$$a_{f1} = \frac{\text{MTBF}_f}{\text{MTBF}_f + \text{MTTR}_f}$$

$$a_{f2} = \frac{\text{MTTR}_f}{\text{MTBF}_f + \text{MTTR}_f}$$

式中:MTBF_f 为火控系统平均故障间隔时间;MTTR_f 为火控系统故障平均修复时间。

可信赖性矩阵为

$$\mathbf{D}_f = \begin{bmatrix} d_{f11} & d_{f12} \\ d_{f21} & d_{f22} \end{bmatrix} = \begin{bmatrix} \mathrm{e}^{-\lambda_f T_f} & 1 - \mathrm{e}^{-\lambda_f T_f} \\ 0 & 1 \end{bmatrix}$$

式中:T_f 为火控系统任务持续时间;$\lambda_f = \dfrac{1}{\text{MTBF}_f}$。

能力向量为

$$\mathbf{C}_f = \begin{bmatrix} \mathbf{C}_{f1} \\ \mathbf{C}_{f2} \end{bmatrix} = \begin{bmatrix} \mathbf{C}_{f1} \\ 0 \end{bmatrix}$$

式中:$\mathbf{C}_{f1}$ 是火力火控系统完成火力打击任务的能力,即车载炮系统的攻击能力度量,又称为杀伤指数。

根据作战能力评价指标体系分析,车载炮系统攻击能力可进一步分解为三项能力,即反应能力、射击能力和毁伤能力。

反应能力是武器系统收到射击指令后调炮到位所用的时间;射击能力取决于火炮的射程和射速两个因素;毁伤能力取决于弹丸口径和射击精度。这三种能力紧密相关,任何一种能力的下降都可以导致攻击能力的显著下降。因此,可以用下式定义杀伤力指数 C_{f1},即

$$C_{f1} = \sqrt[3]{P_r P_s P_k}$$

式中:P_r 为反应能力指数;P_s 为射击能力指数;P_k 为毁伤能力指数。

(1) 反应能力指数 P_r 是从发现目标开始,经过时间 t,火炮完成射击准备的

概率,从发现目标到定下决心对其射击,需要对射击开始诸元进行计算、传输和装定,直至调炮到射击位置,整个过程所花费的时间,称为火力反应时间 T,是一个随机变量,对应的概率分布密度函数为

$$r(t) = \frac{t}{\xi^2} e^{-t/\xi}, t > 0$$

若火力平均反应时间 $E(T) = 2$,据此可以计算,若 $t = 1\min$,则经过时间 $t = 1\min$ 时,反应能力指数为

$$P_r = \int_0^t r(x)\,\mathrm{d}x = \int \frac{x}{\xi^2} e^{-x/\xi}\,\mathrm{d}x = 1 - (1 + t/\xi)e^{-t/\xi}$$

计算可得 $t = 1\min$ 时,反应能力指数 $P_r = 0.594$。

(2)射击能力指数 P_s 是指以最大射速、最远射程完成射击任务的概率,表现为 t 时间内在指定距离上射弹到达的概率,是射程 x 和射弹数量 n 的函数,而且射程和射速在射击能力上呈指数分布,即

$$P_s = P_c P_d = e^{-\lambda_c(50-x)} \cdot e^{-\lambda_d(8-n)}$$

式中:c 和 d 分别为射程和射速的能力系数,50km 射程和 8 发/min 射速是指标期望值。

对于射程为 40km,射速 6 发/min 的火炮系统,射击能力指数的计算值为

$$P_s = P_c P_d = e^{-\lambda_c(50-40)} \cdot e^{-\lambda_d(8-6)} = e^{-0.02(10)} e^{-0.125(2)} = 0.638$$

(3)毁伤能力指数 P_k 取决于弹丸威力和射击精度,若弹丸威力达到命中即毁伤的程度,利用最有利散布法,使火力分配最有利于毁伤目标幅员,其计算公式为

$$P_k = 1 - \left(1 + \rho\sqrt{\frac{2}{\pi}}k\right)\exp\left(-\rho\sqrt{\frac{2}{\pi}}k\right)$$

其中

$$k = \frac{Nv}{E_d E_f \omega}$$

式中:v 为目标幅员,$v = 2l_x \cdot 2l_y = 2B_d \cdot 4B_f$;$f$ 为常数,$f = 0.4769$。

在计算时若取毁伤目标所需平均命中弹数为 1,相对于瞄准点的射击距离中间偏差 $E_d = 1.4B_d$,射击方向中间偏差 $E_f = 1.5B_f$,射弹数量 $n = 12$ 发,则计算结果毁伤能力指数 $P_k = 0.728$。

由此可得杀伤力指数 $C_{r1} = \sqrt[3]{P_r P_s P_k} = \sqrt[3]{0.594 \times 0.638 \times 0.728} = 0.65$。

3)运行系统效能模型

运行系统效能为

$$E_m = A_m \cdot D_m \cdot C_m$$

式中：A_m 为运行系统的可用性向量；D_m 为运行系统的可信赖性矩阵；C_m 为运行系统的能力向量。

假设运行系统只有正常和故障两种状态，且在执行任务期间出现的故障不可修复，则可用性向量为

$$A_m = (a_{m1}, a_{m2})$$

其中

$$a_{m1} = \frac{\text{MTBF}_m}{\text{MTBF}_m + \text{MTTR}_m}$$

$$a_{m2} = \frac{\text{MTTR}_m}{\text{MTBF}_m + \text{MTTR}_m}$$

MTBF_m 可表示为

$$\text{MTBF}_m = \frac{\text{MTBF}}{V_a}$$

式中：MTBF_m 为运行系统平均故障间隔时间；MTTR_m 为运行系统故障平均修复时间；V_a 为运行系统平均行驶速度。

可信赖性矩阵为

$$D_m = \begin{bmatrix} d_{m11} & d_{m12} \\ d_{m21} & d_{m22} \end{bmatrix} = \begin{bmatrix} \mathrm{e}^{-\frac{s}{\text{MMBF}}} & 1 - \mathrm{e}^{-\frac{s}{\text{MMBF}}} \\ 0 & 1 \end{bmatrix}$$

式中：s 为任务要求的行驶里程。

能力向量为

$$C_m = \begin{bmatrix} C_{m1} \\ C_{m2} \end{bmatrix} = \begin{bmatrix} C_{m1} \\ 0 \end{bmatrix}$$

式中：C_{m1} 为运行系统的机动能力指数。

机动能力指数由运行系统性能指标 B_1、B_2 和 B_n 确定。为了统一这些性能指标的量纲，借助模糊数学方法，根据每项指标影响机动能力的方式和规律，构造相应的隶属函数 $\mu_i(u)$（$i = 1, 2, \cdots n$），计算第 i 项性能指标取确定值 $u = x_i$ 时，对于该项指标理想值的隶属度 $\mu_i(x_i)$，采用理想点法对各种性能指标进行综合，计算运行系统的机动能力指数，即

$$C_{m1} = 1 - \sqrt{\sum_{i=1}^{n} Q_i (1 - \mu_i(x_i))^2}$$

式中：Q_i 为元素 B_i 对于机动能力的权重，由小到大在 $0 \sim 1$ 取值。

各种运行系统性能指标权重与达到理想程度的情况如表 4-1 所列。

表 4 – 1　各种运行系统性能指标的权重与达到的理想程度

运行系统性能指标	指标权重 Q_i	达到程度 x_i
行军战斗转换时间 B_1	0.2	0.8
最大行驶速度 B_2	0.1	0.9
最大行程 B_3	0.1	1
最大爬坡度 B_4	0.05	0.8
最大功率 B_5	0.2	0.9
单位压力 B_6	0.05	1
最小离地高 B_7	0.1	1
越墙高 B_8	0.1	0.8
越壕宽 B_9	0.05	0.8
涉水深 B_{10}	0.05	0.8

4)防护系统效能模型

车载炮系统防护能力由性能指标 C_1、C_2、C_n 决定。对于给定系统,可采用模糊评估法求出其每项防护措施可产生的防护效果隶属度 i,则其防护效能 E_p 可用下式计算,即

$$E_p = 1 - \sqrt{\sum_{i=1}^{n} T_i (1 - \sigma_i)^2}$$

式中:T_i 为元素 C_i 对于防护能力的权重,由小到大在 $0 \sim 1$ 之间取值。

各种防护系统性能指标权重与达到理想程度的情况如表 4 – 2 所列。

表 4 – 2　各种防护系统性能指标的权重与达到理想程度

防护系统性能指标	指标权重 Q_i	达到程度 x_i
装甲防护 C_1	0.1	0.5
伪装措施 C_2	0.2	0.7
三防措施 C_3	0.3	0.5
烟幕器材 C_4	0.1	0.4
灭火抑爆器材 C_5	0.3	0.5

4.2.3　车载炮武器系统效能分析

车载炮武器系统效能分析分解为三大子系统效能的加权和,即

$$E = W_1 \cdot E_f + W_2 \cdot E_m + W_3 \cdot E_p$$

式中:E 为车载炮系统的总体效能;E_f 为火力火控系统效能;E_m 为运行系统效能;

E_p 为防护系统效能；W_1、W_2、W_3 分别为火力火控系统效能、运行系统效能和防护系统效能对于车载炮系统总体效能的权重值。

（1）计算火力火控系统效能 E_f，可知 $E_f = (1 - P_f)A_f D_f C_f$，其中，火力系统射击故障率 P_f 为 $1/240$；火控系统可用性向量 $A_f = (a_{f1}, a_{f2}) = \left(\dfrac{\text{MTBF}_r}{\text{MTBF}_r + \text{MTTR}_r}, \dfrac{\text{MTTR}_r}{\text{MTBF}_r + \text{MTTR}_r} \right)$，取火控系统 MTBF_f 为 100h，火控系统 MTTR_f 为 0.5h，则 $A_f = (0.995, 0.005)$；火控系统可信赖性矩阵 $D_r = \begin{bmatrix} d_{r11} & d_{r12} \\ d_{r21} & d_{r22} \end{bmatrix} = \begin{bmatrix} \text{e}^{-\lambda_r T_r} & 1 - \text{e}^{-\lambda_r T_r} \\ 0 & 1 \end{bmatrix}$，其中，$\lambda_r = \dfrac{1}{\text{MTBF}_r}$，而且火控系统任务持续时间 T_f 为 6min，则 $D_r = \begin{bmatrix} 0.999 & 0.001 \\ 0 & 1 \end{bmatrix}$，由火控系统和火力系统性能参数决定的能力向量 $C_r = \begin{bmatrix} C_{r1} \\ C_{r2} \end{bmatrix} = \begin{bmatrix} C_{r1} \\ 0 \end{bmatrix}$。由前面计算可知，杀伤力指数 $C_{r1} = \sqrt[3]{P_r P_s P_k} = \sqrt[3]{0.594 \times 0.638 \times 0.728} = 0.65$，则 $C_r = \begin{bmatrix} 0.65 \\ 0 \end{bmatrix}$。

火力火控系统效能为

$$E_f = (1 - P_f)A_f \cdot D_f \cdot C_f = (1 - 1/240) \cdot (0.995, 0.005)\begin{bmatrix} 0.999 & 0.001 \\ 0 & 1 \end{bmatrix} \cdot \begin{bmatrix} 0.65 \\ 0 \end{bmatrix}$$
$$= 0.643$$

（2）计算运行系统效能 $E_m = A_m \cdot D_m \cdot C_m$，其中 $A_m = \left(\dfrac{\text{MTBF}_m}{\text{MTBF}_m + \text{MTTR}_m}, \dfrac{\text{MTTR}_m}{\text{MTBF}_m + \text{MTTR}_m} \right)$，取运行系统 MTBF_m 为 10h，运行系统 MTTR_m 为 0.5h，则 $A_m = (0.95, 0.05)$；运行系统可信赖性矩阵 $D_m = \begin{bmatrix} d_{m11} & d_{m12} \\ d_{m21} & d_{m22} \end{bmatrix} = \begin{bmatrix} \text{e}^{-\frac{S}{\text{MMBF}}} & 1 - \text{e}^{-\frac{S}{\text{MMBF}}} \\ 0 & 1 \end{bmatrix}$，其中，运行系统 MMBF 为 2500km，任务要求的行驶里程 S 为 500km，则 $D_m = \begin{bmatrix} 0.82 & 0.18 \\ 0 & 1 \end{bmatrix}$；运行系统能力向量 $C_m = \begin{bmatrix} C_{m1} \\ C_{m2} \end{bmatrix} = \begin{bmatrix} C_{m1} \\ 0 \end{bmatrix}$，其中，运行系统的机动能力指数 $C_{m1} = 1 - \sqrt{\sum_{i=1}^{n} Q_i(1 - \mu_i(x_i)^2)}$，由各指标权重及达到理想值情况计算可得 $C_{m1} = 0.855$，则 $C_m = \begin{bmatrix} 0.855 \\ 0 \end{bmatrix}$。

运行系统效能为

$$E_m = A_m \cdot D_m \cdot C_m = (0.95, 0.05) \begin{bmatrix} 0.82 & 0.18 \\ 0 & 1 \end{bmatrix} \cdot \begin{bmatrix} 0.855 \\ 0 \end{bmatrix} = 0.666$$

（3）计算防护系统效能 $E_p = 1 - \sqrt{\sum_{i=1}^{n} T_i (1 - \sigma_i)^2}$ ，由各指标权重及达到理想值情况计算可得 $E_p = 0.52$ 。

综合以上各项计算，取火力火控系统效能、运行系统效能和防护系统效能对于车载火炮系统总体效能的权重值 W_1、W_2、W_3 分别为 0.5、0.4、0.1 ，可得车载炮系统效能为

$$E_{车载} = W_1 \cdot E_f + W_2 \cdot E_m + W_3 \cdot E_p = 0.5 \times 0.643 + 0.4 \times 0.666 + 0.1 \times 0.52 = 0.6399$$

为了便于比较，按照同样的步骤可以计算出牵引式火炮系统效能 $E_{牵引}$、轮式装甲自行火炮效能 $E_{轮式}$ 和履带装甲自行火炮的系统效能 $E_{履带}$ 如下：

$$\begin{cases} E_{牵引} = 0.5 \times 0.537 + 0.4 \times 0.293 + 0.1 \times 0.32 = 0.4177 \\ E_{轮式} = 0.5 \times 0.756 + 0.4 \times 0.73 + 0.1 \times 0.8 = 0.75 \\ E_{履带} = 0.5 \times 0.824 + 0.4 \times 0.758 + 0.1 \times 0.92 = 0.8072 \end{cases}$$

如果考虑牵引式火炮、车载式自行火炮、轮式装甲自行火炮和履带装甲自行火炮各自的全寿命周期费用，参考 2003 年"Jane's ARMOUR AND ARTILLERY"以及 AD 报告"HIGHLIGHTS"中兵器弹药预测分析，国际市场具有代表性的 155mm 牵引式火炮、车载式自行火炮、轮式装甲自行火炮和履带装甲自行火炮报价如下：

南非 G5 型 45 倍口径 155mm 牵引榴弹炮——576700 美元

新加坡 FH88 型 39 倍口径 155mm 牵引榴弹炮——551300 美元

新加坡 FH2000 型 52 倍口径 155mm 牵引榴弹炮——589300 美元

法国 CAESAR 型 52 倍口径 155mm 车载式 6×6 自行火炮——2270000 美元

捷克 ZUZANA 型 45 倍口径 155mm 轮式 8×8 自行火炮——3500000 美元

南非 G6 型 45 倍口径 155mm 轮式 6×6 自行火炮——3719000 美元

美国 M106A6 型 39 倍口径 155mm 履带式装甲自行火炮——3996000 美元

德国 PZH2000 型 52 倍口径 155mm 履带式装甲自行火炮——5300000 美元

经过综合分析，可以粗略得出牵引式火炮、车载式装甲自行火炮、轮式装甲自行火炮和履带装甲自行火炮的价格之比约为 1:4:6.5:7.5 ，假设火炮的全寿命周期费用（包括采购费用和维护费用）与采购价格成比例，结合各类火炮系统效能数据，计算可得以上四类火炮的效费比为 3.88:1.49:1.07:1 。

从武器系统效能角度考虑，车载炮系统效能接近相同口径轮式和履带式装

甲自行火炮,是轮式装甲自行火炮的 85% ,是履带式装甲自行火炮的 80% ,是牵引火炮的 1.5 倍;综合考虑全寿命周期费用,车载炮系统效费比约是轮式装甲自行火炮的 1.39 倍,是履带式装甲自行火炮的 1.49 倍。

第5章 车载自动武器论证

在世界范围内兴起的自动武器发展浪潮以及我国自动武器加速发展的大背景下,随着信息化战争的信息性、可控性、智能性、对抗性等特点不断突出,要求充分发挥自动武器的性能和效益。为了实现这一目标,对自动武器发展论证提出了新的更高的要求,从而促使自动武器论证研究发展到更深入的层次。面对自动武器发展和全面提高论证质量的需求,迫切需要理论上的指导及方法及手段上的支持。因此,进行自动武器论证现状研究,全面系统地开展自动武器论证研究和发展趋势研究对自动武器的发展具有十分深远的意义。

自动武器论证是自动武器发展的前期阶段。只有对自动武器的战术技术指标进行充分的论证,才能保证自动武器满足作战需要,保证按期获得自动武器,合理规划自动武器的寿命周期费用,否则将导致自动武器研制经费的膨胀和浪费。经验表明,论证阶段所花的费用仅占装备费用的 5% 左右,而论证的结论却决定了系统总费用的 70% 左右。

5.1 自动武器主要战术技术指标

5.1.1 火力威力

1. 基本概念

自动武器威力是指在规定距离上机枪发射的弹丸命中目标对目标的毁伤能力,也称武器在战斗中能迅速而准确地歼灭、毁伤和压制目标的能力,由口径、远射性、速射性、射击密集度、射击精度等主要性能构成。

(1) 枪管口径主要是指机枪发射弹丸对目标的杀伤和破坏能力,对不同口径的弹丸有不同的杀伤力和侵彻力。

(2) 远射性是指机枪能够毁坏、杀伤远距离目标的能力,通常用最大射程表示。远射性反映了机枪在不变换阵地的情况下的火力机动性,在较大的地域内迅速集中火力,给敌人以突然打击或压制射击的能力。

(3) 速射性是指机枪快速发射弹丸的能力,通常用"发/min"表示,一般分为实际射速、理论射速。射速的高低取决于机枪工作的自动化和机械化程度,与装填、发射等机构的性能和弹药的结构有关。

（4）射击密集度是指机枪在相同的射击条件下,进行多发射击,弹丸的弹着点相对于平均弹着点中心的密集程度。通常用距离中间偏差和方向中间偏差表示,射击密集度影响机枪射击的密集度。

（5）射击精度是射击密集度和射击准确度的总称。射击准确度是指平均弹着点对目标的偏离程度,主要与机枪手操作机枪及机枪的瞄准装置的状况有关。

2. 火力威力参数选择

机枪的射击威力包括机枪射击精度、对目标的杀伤破坏力和火力的反应速度等。

（1）机枪射击精度取决于下列因素:①战斗距离和对距离的测量误差:距离越远,命中率越低;②射弹散步:机枪的射弹密集度良好,公算偏差值越小;③提前量误差;④风的效应和空气湿度的影响;⑤武器装定的准确性;⑥机枪身管由于温度不均匀引起的弯曲变形等。

（2）对目标的杀伤破坏力取决于下列因素:①命中角;②口径:口径越大,弹丸杀伤作用越大。

（3）火力的反应速度取决于下列因素:①观察设备:良好的观察设备能昼夜使用,及时发现目标;②武器结构:应有发射速度较高的自动装填机构;③弹药配置:便于快速更换弹夹,装弹时间短。

以上各种因素均相互联系,相互制约,应取得综合平衡才能充分发扬机枪的火力威力。

5.1.2 可靠性

自动武器的可靠性,是衡量机枪质量优劣的重要指标,它体现了使用者对机枪可靠性的需求,也体现了机枪的制造工艺。

1. 可靠性参数选择原则

在对自动武器可靠性指标进行要求论证时,要针对自动武器的特点选择相应的可靠性参数。可靠性参数选择应遵循以下原则:①一致性原则;②完备性原则;③针对性原则;④使用性原则。

2. 可靠性参数选择

（1）平均无故障间隔发数。平均无故障间隔发数表示机枪在发生两次相邻故障的平均间隔时间,它主要反映了机枪的可修复性,是基于可修复前提下的可靠性基本参数。

（2）任务可靠度。机枪在规定的条件下和规定的一组任务剖面内,完成规定功能的概率称为任务可靠度,可表示为

$$R(t) = P(t), T > t$$

式中:T 为机枪正常工作时间。

（3）枪管寿命。机枪的枪管寿命是指机枪在规范条件下射击,枪管在弹道指标降低到允许值或者疲劳损坏前,所能发射的弹药的数量。

5.1.3 保障性

保障性是自动武器论证的重要指标,是直接反应部队作战的保障性需求,近年来受到人们的普遍重视。

1. 保障性的基本概念

保障性是指设计武器装备系统设计特性和计划的保障资源能满足系统平时战备完好性和战时使用要求的程度。在现代化战争条件下,保障性需求已经成为军队战斗力的重要组成部分,它直接影响着部队的作战行动。

武器在战场上能否发挥效能,在很大程度上取决于改型武器装备在交付部队时转化为战斗力的综合保障能力。为了使自动武器具有良好的保障性,必须从自动武器研制论证阶段开始抓起,在论证前就提出详细的保障性要求。这种做法可有效地保证武器在交付部队使用时就能形成作战能力,而且在战时能够充分发挥作用。

2. 保障性参数选择

（1）维修规划。维修规划是指在自动武器寿命周期过程中,为武器制定维修方案,以及规划具体实施的详尽方案,建立维修保障系统。

（2）保障设备。保障设备是指自动武器在使用和维修过程中所需要的各种设备。

（3）技术文件。技术文件指的是为该型武器使用和维修人员的工作提供的资料和说明,主要包括武器使用和维修的程序、图表、技术条件、数据以及保障设备的使用方法等。

（4）备件保障。备件是指该型武器使用、维修过程中所需的消耗品和零备件。

（5）训练和训练保障。训练和训练保障是指为使用和维修人员进行培训所需的训练要求、方法和训练器材等,它还包括对基层级维修人员、中继级维修人员和基地级维修人员的培训。

5.1.4 环境适应性

自动武器的环境适应性主要包括自然环境、使用环境和操作方便性等方面进行论证,不同的自然环境对自动武器的使用环境以及操作方便性提出了不同的要求。

1. 环境适应性参数选择

（1）自动武器使用环境分析。自动武器在作战、训练、储存、运输等过程中，所遇到的环境一般要考虑自然环境、诱发环境和特殊环境三种情况。

（2）提出操作方便性要求。在对各种自然环境分析的基础上，根据作战地区分布特点和使用环境的不同，对自动武器的操作方便性提出了不同的要求。

2. 自动武器环境参数选择

（1）自然环境。根据自动武器作战地域的情况，提出自动武器对自然环境的适应性要求，其主要内容如下：

① 气象条件，如温度、湿度、盐雾、沙尘、霉菌、雨、雷电、风、气压、雪、冰霜等；

② 水文条件，如水深、潮汐、温度与密度、盐雾、波高与周期、表层流速及流向等；

③ 地理条件，如经纬度、江河、湖泊、地形、森林、沼泽、桥梁、道路等。

（2）使用环境。根据作战的需要，自动武器可以使用车载环境、直升机搭载环境、单兵随身携带等多种情况，进而对自动武器的训练、试验、运输、储存等使用环境提出适应性要求。

（3）操作方便性。自动武器往往是在直射距离上对敌人的有生力量或者较为防护薄弱的目标进行杀伤的武器，它处于十分紧张、激烈的近距离对抗环境中，它的操作简便性对操作人员的生存能力、作战效能、运输效能的发挥具有十分重要的作用。

5.1.5　机动性

提高自动武器机动性能，是作战运用研究中十分关键的重要问题之一，也是自动武器论证中需要考虑的一项重要指标。

1. 基本概念

基本概念一般是指自动武器机动性，主要是指自动武器的武器系统在完成预期作战任务能力的条件下，从一处转移到另一处的能力，它主要包括空间机动和活力机动两部分。

使用要求分析是机动性论证和确定具体指标要求的基本依据。在论证时：首先总结同类自动武器使用中的经验教训和机动作战运用研究成果，预测未来战场环境；然后分析现有自动武器对机动作战的适应程度。在此基础上根据现有的自动武器的武器系统承担的任务和特点，提出未来机动作战使用方案，预测未来战争中自动武器的武器系统应具备的基本性能。

2. 机动性参数选择

（1）机动性的分类。根据机动作战的规模和性质,机动方式可分为:①战术机动,即该型自动武器在较小范围内实施近距离的区域性机动作战;②战役机动,自动武器在较大范围内实施较远距离的战区性机动作战;③战略机动,武器装备在大范围内实施跨战区的机动作战或战略性转移行动。

根据所采取的手段和涉及的空间范围,机动方式可分为陆上机动(如公路、铁路、越野机动等)、水上机动、水下机动和空中机动等。

根据机动的内容,可分为自动武器的空间机动和火力转移机动两种形式。

（2）机动方式选择应考虑的主要因素。在对机动方式全面分析的基础上,进行具体选择时还应考虑以下几方面:战略指导思想、作战使用要求和战术运用特点;可能部署的作战区域的自然环境及地理条件;武器装备总体构成特点及对该型号的要求;作战能力及生存能力要求;国家的工业技术水平和经济能力;部队已有的条件等。

（3）自动武器机动作战。自动武器机动作战单元装备配套要求确定装备配套的一般原则包括:武器装备数量尽量少,以便于实现该武器整体快速反应和方便灵活运用;合理安排各种保障及附属配套设备,使武器装备机动灵活性好。

（4）机动中的反应能力。机动中的反应能力应该综合考虑机动性对于自动武器的要求,综合分析武器机动作战的机动前准备、行军转移、作战准备、战前隐蔽、作战实施、战后撤离及分散转移的整个过程。机动作战过程中的各个环节对自动武器的机动能力提出了很高的要求,这些环节包括:平时状态转为战备状态;战备状态转为行军状态;行军状态转为作战状态;作战状态转为行军转移状态;行军转移状态转为分散隐蔽状态。

5.1.6 生存能力

1. 生存能力的基本概念

围绕自动武器的生存能力概念的定义问题,在各种课题中都做了一些工作。这里主要是指自动武器的作战系统在特定环境中能够保持作战能力或遭受打击后经快速修复仍能投入作战的程度,生存能力通常以概率形式表示。作战系统指的是与构成作战能力相关的各个方面,不是一个或几个主要方面。

对于生存能力问题,自从人类有战争开始,人们就把它提出来进行认真研究了。随着技术的发展,武器性能不断提高,杀伤力明显增加,使得战场环境更加恶劣和复杂。为了夺取战争的主动权,对生存能力问题的研究越来越引起人们的重视。

2. 生存能力因素分析

1）敌方武器对自动武器的威胁分析

在未来战场上，要分析敌方使用的进攻武器对于我方自动武器的杀伤和破坏，弄清楚敌方武器装备的特点和对于我方将要研制的自动武器的现实威胁，以及要清楚我方未来自动武器的应对办法。现阶段，考虑敌方的威胁，主要考虑核杀伤和常规非核杀伤两方面。

核武器杀伤因素主要包括冲击波、早期核辐射、光辐射、核电磁脉冲、放射性沾染。常规武器杀伤因素主要包括光能、化学能。还有一些其他非核杀伤因素，主要包括激光、动能、生物、化学、电子杀伤。

2）生存要素分析

自动武器的生存要素分析的内容应该根据具体的装备、作战任务和自然环境不同而有所区别，主要的内容应当包括以下方面：装备的隐蔽伪装性能；自动武器的防护能力；部队的配置情况；部队和武器的快速反应能力；自动武器装备本身的易损性；提高战术运用的灵活性。

3）提高战场生存能力的途径

经过长期对战场武器装备的生存能力的研究，在战场上提高自动武器的生存能力的途径和措施，主要有以下几方面：

（1）减少被敌方发现概率。一是尽量减少可能暴露的因素。战场上武器系统的暴露因素主要是声、光、热、电磁波等。空中侦察主要是利用声波、无线电波、可见光、红外辐射或其他传播手段探测，应针对这些方面采取措施，减少暴露。二是搞好隐蔽伪装。为了减少被侦察的可能性，论证中应对设计和使用提出伪装要求。如减少电磁辐射技术、消音技术等。另外，在使用中易引起的暴露征候和可能利用的地形、地物等有利条件也应进行分析。

（2）减小被命中的可能性。主要内容包括：运用火力抗击敌方来袭目标，使其不能有效地攻击；加装电子对抗设施，干扰来袭武器的电子设备；提高自动武器的机动性，使来袭武器不易捕捉和瞄准。

（3）提高可修复性。提高可修复性可以保证武器系统在遭到破坏时进行快速修复或更换部件，使其尽快恢复原有的性能，及时投入作战。为了提高可修复性，在论证中应从下列方面进行分析研究，并提出要求。

5.1.7 维修性

1. 维修性的基本概念

通常来说，维修性一般的定义是：产品在规定的条件下和规定的时间内，按规定的程序和方法进行维修时，保持或恢复其规定状态的能力。保持或恢复产品的规定状态,是产品维修的目的,所以维修性就是在规定的约束条件下完成维修的能力。

维修性是自动武器本身的固有属性,自动武器在给定条件下,出现损坏或出故障后能够及时修复,平时预防维修方便经济,即维修的效率和效益如何,完全取决于它的维修性。因此,维修性就是自动武器在设计之初所赋予的使其维修简便、迅速和经济的一种固有特性。

维修性似乎同其他的产品工艺设计中的传统提法"维修方便"相同,在实质上存在着质的差别,即维修性有明确的定义和要求,可以定量化为各种参数及指标,有系统的技术方法,有较系统的分析与验证方法等。

2. 维修性的参数选择

维修性是以维修时间为基础度量的,但是由于每次维修的完成时间 T 是一个随机变量,所以必须用概率论的方法,从维修性函数出发研究维修时间的各种统计量。

(1) 维修度 $M(t)$。如果用概率表示完成维修的能力就是维修度 $M(t)$,即产品在规定的条件下和规定的时间内,按规定的程序和方法进行维修时,保持或恢复其规定状态的概率,可表示为

$$M(t) = P(t), T > t$$

上式表示维修度是在一定条件下完成维修的时间 T,小于或等于规定维修时间 t 的概率,显然 $M(t)$ 是概率分布函数。对于不可修复系统,$M(t) = 0$。对于可修复系统,$M(t)$ 是规定维修时间 t 的递增函数。

(2) 维修密度函数 $m(t)$。既然维修度 $M(t)$ 是概率分布函数,那么其概率密度函数,即维修密度函数。

维修密度函数表示单位时间内修复数与送修总数之比,即单位时间内产品预期被修复的概率。

(3) 修复率。修复率 $u(t)$ 是产品在 t 时刻未修复的条件下,在 t 时刻后单位时间内修复的概率。显然,在维修度的定义中,其自变量是维修时间。由于自动武器战场使用损坏程度和故障性质不同,每次维修时间也各不相同。完成维修的时间并不是一个常量,而是以某种形式分布的随机变量。不同的自动武器,其维修度的分布也不同,要取维修试验数据进行分布检验。

5.2 机枪战术技术指标论证

机枪是配有枪架或两脚架,能实施连发射击的自动枪械。主要用于近距离歼灭或者压制敌有声目标、火力点,毁伤薄壁装甲目标或低空目标。按其装备对

象分为地面机枪、车载机枪、航空机枪和舰艇机枪,这里主要是对车载机枪的战术技术指标,重点对坦克机枪的战术技术指标进行论述。

并列机枪主要是在近距离对有生力量及火器进行歼灭的重要武器,其有效射程通常为 800 ~ 1000m。其机枪对 600m 范围内的机枪、步兵、火箭筒等具有较为良好的杀伤效果。以下主要以并列机枪为主要论证对象。

5.2.1 基于 AHP 法的火力威力论证

1. AHP 法

层次分析法,是一种将定性和定量分析相结合的系统分析方法。系统分析方法具有思路清晰、方法简便、适用范围广和系统性强的特点,成为人们工作和生活中的一种思考方法。

2. 火力论证

1) 建立描述机枪火力威力的层次结构

影响机枪的火力威力的因素很多,需要对各种因素进行综合的考量。这里选取较为重要的几个因素,采用 AHP 法对其战术技术指标进行论证。

按照优先选择机枪的射击精度原则,主要的影响因素有 a_1 战斗距离、a_2 射弹散步、a_3 提前量误差、a_4 风的效应和空气湿度影响、a_5 枪管的因素,可表示为

$$A_1 = (a_1, a_2, a_3, a_4, a_5)$$

按照对目标的杀伤力破坏力原则主要的因素有 a_6 命中角、a_7 口径,可表示为

$$A_2 = (a_6, a_7)$$

按照机枪对目标的反应速度的原则主要的因素有 a_8 观察设备的好坏、a_9 武器结构较好,可表示为

$$A_3 = (a_8, a_9)$$

影响机枪火力威力的因素有很多,这里主要给出几个重要的指标进行选择。

2) 构造判断矩阵

根据对机枪火力威力影响的因素,按照一定的准则以及按照一定的子准则,即按照选择射击精度原则、对地方目标杀伤破坏力的原则、按照对目标反应速度的原则,构造判断矩阵表 5 - 1。

表 5 - 1 影响机枪火力威力的因素

a	a_1	a_2	a_3	a_4	a_5	a_6	a_7	a_8	a_9
a_1	1	3/9	5/9	7/9	5/9	8/9	5/9	3/9	4/9
a_2	9/3	1	5/9	1/9	8/9	4/9	6/9	4/9	8/9

a	a_1	a_2	a_3	a_4	a_5	a_6	a_7	a_8	a_9
a_3	9/5	9/5	1	8/9	7/9	8/9	6/9	7/9	7/9
a_4	9/7	9/1	9/8	1	3/9	5/9	7/9	5/9	4/9
a_5	9/5	9/8	9/7	9/3	1	8/9	7/9	8/9	5/9
a_6	9/8	9/4	9/8	9/5	9/8	1	5/9	8/9	7/9
a_7	9/5	9/6	9/6	9/7	9/7	9/5	1	7/9	8/9
a_8	9/3	9/4	9/7	9/5	9/8	9/8	9/7	1	3/9
a_9	9/4	9/8	9/7	9/4	9/5	9/7	9/8	9/3	1

根据表 5 - 1 构造矩阵：

$$A = \begin{bmatrix} 1 & \dfrac{3}{9} \\ \dfrac{9}{3} & 1 \end{bmatrix}$$

对矩阵 A 进行计算，可得

$$\lambda_{\max} = 10.12$$

计算一致性指标 CI：

$$CI = \frac{\lambda_{\max} - n}{n - 1} = 0.14$$

计算一致性指标 CR：

$$CR = 0.014$$

当 CR ≤ 0.1 时，一般认为判断矩阵的一致性是可以接受的。

5.2.2　基于定量分析的可靠性论证

1. 定量分析法

1）基本方法

自动武器的可靠性并不是通过定性分析可以得来的，而是要通过大量的数据进行分析计算，进而得出自动武器的可靠性结论，通过对现有武器的可靠性数据分析对下一阶段自动武器的可靠性提出新的要求。这里，采用概率论的方法论述自动武器的可靠性。

设自动武器的可靠性指标为 $R(t)$，可靠性置信区间为 $[R_L, R_H]$ 置信水平为 r，则

$$R_H(t) \geqslant R_L$$

式中：R_L 为置信水平 r 下的可靠度下限；R_H 为置信水平 r 下的可靠度上限。

针对系统的一种性能，存在一个可靠性与经费的最佳比值点为 $R_H(t)/C_{\Sigma\min}$，允许的最大经费为 $C_{\Sigma\max}$，经费与可靠性综合权衡区间为

$$\begin{cases} C_{\Sigma\min} \leqslant C \leqslant C_{\Sigma\max} \\ R_H(t) \geqslant R_L \end{cases}$$

上式的图解结果表明，在某一个性能指标下，经费、可靠性综合权衡选择区间确定一组值。

在可靠性论证阶段，系统有不同的性能指标组合，就会解出不同指标组合下的值。于是得到论证阶段的经费、性能与可靠性关系曲线。综合权衡经费、性能和可靠性要求后，就可以获得符合要求的经费和性能，如图 5－1 所示。

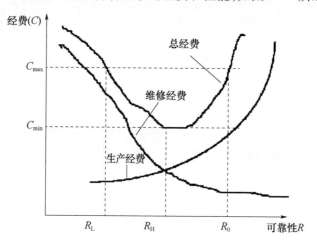

图 5－1　经费、性能与可靠性曲线

2）使用可靠性指标 A_0

对于连续使用的系统（连续使用系统是指武器装备作战使用期间一直处于运行状态的系统），根据不同的机枪在使用环境的不同特点，按下式计算 A 值，即

$$A_0 = \frac{\mathrm{MTBF}}{\mathrm{MTBF} + \mathrm{MTTR} + \mathrm{MLDT}}$$

式中：MTBF 为武器装备的平均故障间隔时间；MTTR 为武器装备的平均修理时间；MLDT 为武器装备的平均保障延误时间。

3）指数寿命型系统的可靠性评定

设有 n 个系统参加寿命试验，得寿命信息 $t_i(i=1)$，试验总时间为

$$t = \sum_{i=1}^{n} t_i$$

则 MTBF 的点估计为：

$$\theta = \frac{t}{n}$$

MTBF 的置信下限估计为：

$$\Theta_L = \frac{2n}{X_{2N,\alpha}^2}$$

2. 可靠性论证

并列机枪是坦克装甲车上随车装载的一种近战武器，它对于杀伤敌人的近距离的有生力量和火器有着非常重要的作用，它是坦克作战过程中非常重要的一款武器。

一般的说，并列机枪的枪身具有良好的使用性，在对武器的性能有了一定的了解之后，可以分析武器的可靠性。一般情况下，机枪的可靠性主要体现在枪管的寿命上。

对于枪管的使用寿命，主要有两方面的理解。

（1）机枪的枪管从开始使用到它寿命结束的时间，其可靠性分析可以通过大量的枪管使用寿命进行分析，即

$$A_0 = \frac{\text{MTBF}}{\text{MTBF} + \text{MTTR} + \text{MLDT}}$$

这里的各项指标可以根据武器设计之初给出的设计的理论值和实际使用的平均寿命值进行论证。

（2）枪管在使用过程中随机发生的（如炸膛等）枪管损坏而使得武器丧失战斗性能的事件。在这种情况下，该型号武器的可靠性似乎不可预估，实际上，通过对机枪使用大量的案例进行分析发现，机枪的可靠性是有一定的规律可遵循的。要求机枪的枪管使用寿命满足

$$R_H(t) \geqslant R(t) \geqslant R_L$$

则机枪必须按照武器使用的规则和操作要领进行使用，平时还要注意对武器的保养到位。

5.2.3 基于综合因素分析的保障性论证

1. 综合因素权衡分析法

机枪的保障性分析的基本内容如下：

（1）机枪战备完好性敏感度分析。影响机枪战备完好程度量值的因素有可

靠性、维修性与测试性等。通过敏感度分析,在设计阶段能够把有限的资源投入到对提高战备完好性有明显作用的方案上。

（2）机枪保障能力的比较评价。对新研制的机枪与现役装备的机枪,在达到其保障性目标的能力上进行比较评价,以判明机枪研制备选方案达到保障性目标的可能性。

（3）设计方案与保障方案之间的权衡分析。首先对机枪设计的设计方案与保障方案之间进行权衡分析;其次加以全面地综合与评价,得出最佳的保障方案。由于上述各项权衡分析几乎都涉及装备的设计方案,因此在选出最佳保障方案时,要从保障性与保障要求出发提出要求。

2. 保障性综合因素论证

机枪论证阶段的评估可分为两种情况:一是对已有的类似机枪装备进行评估,为论证中对新型机枪保障要求提供依据;二是对新型机枪的保障性指标要求方案进行评估,为方案选择提供依据。

1）可用性

可用性是指机枪在任意随机时刻需要和开始执行任务时,处于可工作或可使用状态的程度。可用性通常分为固有可用度 A_0、可达可用度 A_1 和使用可用度 A_2,其计算方法如下:

（1）固有可用度 A_0。在某些条件下,只要求针对工作时间和修复性规定机枪的系统可用度,用这种方法规定的可用度称为固有可用度,由下式计算:

$$A_0 = \frac{T_{\mathrm{BF}}}{T_{\mathrm{BF}} + M_{\mathrm{CR}}}$$

式中:T_{BF} 为平均故障间隔时间(h);M_{CR} 为平均修复时间(h)。

（2）可达可用度 A_1。可达可用度 A_1 的量度方法为机枪的工作时间与工作时间、修复性维修时间、预防性维修时间的和之比,由下式计算:

$$A_1 = T_0 / (T_0 + T_{\mathrm{CM}} + T_{\mathrm{PM}})$$

式中:T_0 为工作时间(h);T_{CM} 为修复性维修时间(h);T_{PM} 为预防性维修时间(h)。

（3）使用可用度 A_2。使用可用度 A_2 通常受到利用率的影响,在规定的时间内,机枪工作时间越短,使用可用度 A_2 就越高,由下式计算:

$$A_2 = T_{\mathrm{BM}} / (T_{\mathrm{BM}} + T_{\mathrm{D}})$$

式中:T_{BM} 为平均维修间隔时间(h);T_{D} 为平均不能工作时间(h)。

2）战备完好性

战备完好性定义为部队在接受作战任务时完成战斗任务的能力。战备完好性的概率量度称为战备完好率:它表示当要求机枪投入作战时,准备好能够执行任务的概率。

装备的战备完好率 P_0 可用下式计算：
$$P_0 = R(t) + Q(t) \cdot P(t_m < t_{md})$$
式中：$R(t)$ 为装备在执行任务前不发生故障的概率；$Q(t)$ 为装备在执行任务前的故障概率；t 为任务持续时间（h）；$P(t_m < t_{md})$ 为维修概率。

对于机枪的保障性进行综合因素分析，主要在于机枪的保障性的分析面比较广，考虑因素多，对其进行论证的目的在于评定它们对机枪的战备完好性、人力、供应以及使用和保障费用的影响，为下一步工作打下良好的基础。

5.2.4　基于德尔菲法的环境适应性论证

1. 德尔菲法

使用德尔菲法的基本步骤如下。

1）选聘专家

应用德尔菲法时，不仅要求专家组的每个成员符合研究项目的要求，而且专家组应构成一个合理的整体。选聘专家这项工作对调查结果的质量有重大影响，甚至关系德尔菲法调查的成败。

2）向专家说明问题

在聘请德尔菲法专家时，需要向专家说明以下一些问题。

（1）向专家说明研究课题的意义和进行调查的目的，以引起专家的重视，并询问专家是否愿意参加应答。

（2）向专家较详细地介绍德尔菲法，着重说明多次征询和反馈的重要意义，同时要说明整个调查过程需要的时间和专家应答的时间。

（3）向专家调查。德尔菲法的调查程序，一般为四轮，每一轮调查都有相应的要求。

① 第一轮调查。第一轮调查表上的问题是完全没有组织的。它要求专家根据所考虑的特定问题讨论影响因素及进行评估。若所调查的专家在此领域内确实是知识渊博的，那么这一做法是非常有用的，它可以充分利用专家的知识。当这些调查表回收上来以后，对各种意见必须进行汇总和整理。

② 第二轮调查。在第二轮调查中将第一轮调查获得的结果告诉专家，要求他们对事件进行评估，每一位专家都需要回答评估的理由。在专家们完成了评估后，这些调查表又返回到调查者手中。

③ 第三轮调查。在第三轮调查中，要求专家了解前面调查的意见，准备估计一个新的值。若某一位专家的估计值落在下四分位数和上四分位数之外，则要求他解释其原因，并对其他相反观点的意见进行评价。因此，任何一位专家的

估计值若比小组估计值大 3/4 或比小组估计值小 3/4 时,则需要解释其估计值,并说明为什么前一轮依据小组意见所得出的较高或较低的值是不对的。

④ 第四轮调查。首先将第四轮调查表发下去。在收到专家的回复意见后,可以获得新的估计值和争论双方的意见摘要。通常,调查者不需要再分析第四轮调查各方的争议意见。但是,如果被调查的专家组不能获得一致的意见时,则需要获得争论双方的意见,以解释德尔菲法结果的不一致性。

(4) 处理应答的数据。根据不同的调查目的,专家应答的数据可采用相应的方法进行处理。

2. 机枪环境适应性的论证

在机枪的战术技术指标和使用要求的论证过程中,有些是可以定量描述的,并且有相应的评估方法,如火力威力、可靠性、保障性等。但是,环境适应性是不易定量化而只能定性描述。德尔菲法是各种定性因素量化的基本方法,对于解决那些不能通过解析方法进行量化的问题十分有效。

下面用德尔菲法对并列机枪的环境适应能力进行论证。

规定评估者评分范围为 1 ~ 10 分,规则为:

$$d_i \begin{cases} 0, \text{不适应环境能力} \\ 10, \text{适应全天候能力} \\ 1 \sim 9, \text{在上述范围之间} \end{cases}$$

专家组由 15 人组成,对某武器装备的环境适应能力的四轮打分结果为(7,6,8,9,8,9,9,8,6,10,8,8,6,7,7)。可以采用均值法对数据进行处理,即

$$\begin{cases} E = \dfrac{\sum\limits_{i=1}^{m} a_i}{m} \\ D = \dfrac{\sum\limits_{i=1}^{m} a^2 - mE^2}{m} \\ \alpha = \sqrt{D} \end{cases}$$

式中:a_i 为第 i 个评分值;M 为数据个数;E 为数据的均值;D 为统计数据的方差;α 为统计数据的标准偏差值。

由上式可得

$$\begin{cases} E = \dfrac{116}{15} = 7.7333 \\ D = 1.39556 \\ \alpha = 1.181 \end{cases}$$

由上述结果可以得出专家意见的偏离程度,进而得到判断结果的可信性。

5.3 自动炮战术技术指标论证

5.3.1 基于系统分析的机动性论证

1. 系统分析法

1)系统分析的基本概念

在对自动武器性能指标进行论证过程中,运用系统的观点进行推理和定性、定量分析,并探索改进现有系统性能和提高运行效率的途径,可为决策者做出科学决策提供依据。系统分析与一般的技术分析不同,它强调从系统的总体最优出发,采取各种现代手段和方法,对系统从总体上进行全面的定性和定量研究。系统分析的过程如图5-2所示。

图5-2 系统分析的过程

2)系统分析的步骤

(1)明确目标。该步骤的目的是在系统分析工作正式开始之前,为建立模型而收集必要的信息和资料。分析和确定对象系统的目的和目标,分析和定义系统的功能,以便从有关数据出发建立各种模型,进行模拟并研究成功的可能性。

(2)建立模型。它是把现实系统抽象为简要的、在实践上或理论上都能处理的模型,通过模型对系统的重要功能特性加以考察。按照不同的目的和要求可以建立各种不同的模型,模型化是系统分析过程中比较重要,而且工作量比较大的一个步骤。

(3)优化分析。用最优化理论和方法,对所做的若干替代模型进行优化分析,求解出几个可能的解。

(4)综合评价。根据最优化所得到的一些解,考虑前提条件、假设条件和制约条件,在经验判断和理论分析的基础上进行综合比较,做出客观公正的评价。

2. 自动炮的机动性论证

自动炮在对敌人的有生力量进行杀伤时,具有较好的杀伤性和破坏性,但是这也就要求只能采用车载的方式进行机动,否则不能满足其机动性要求。因此,这里主要通过搭载自动炮的步兵战车论述自动炮的机动性。

自动炮的机动性可以通过三种方案进行选择:方案一首先侧重于选择公路机动,其次是铁路机动,最后选择空中机动;方案二首先是铁路机动,其次是公路机动,最后是空中机动;方案三首先选择空中机动,其次是公路机动,最后是铁路机动。各个方案的配比分别为0.4、0.3、0.2、0.1。

当选择公路机动时,其对机动能力强,机动准备时间短,但是其远距离机动能力和机动运载能力有限;当选择铁路机动时,其远距离投送能力大,机动运载能力强,但是其存在准备时间长和便捷性不足;当选择空中机动时,远距离投送能力较强,机动不受地形限制,机动准备时间较短,但是其运载能力却十分有限。

5.3.2 基于作战仿真的生存能力论证

1. 作战仿真分析

1)基本概念

人类认识客观事物的过程中,由于受客观条件的限制,无法对事物进行直接的观察和评价或者难以透过事物本身研究背后的规律,进而建立一个相近或者相似的模型来间接地研究事物,这种方法称为模拟。

(1)作战模拟。是人们对于作战环境无法进行直接评价而对实际的战场环境进行的模仿,是应用模拟作战揭示军事活动规律的过程。

(2)数字模型。是通过数学关系、逻辑关系和数据信息描述战场环境的相互关系的过程。这里所说的作战模拟,一般是指运用计算机技术进行的模拟。

2)作战方针的基本步骤

(1)作战想定。作战想定的内容主要有作战地理坐标、作战双方投入的军事力量、后勤装备保障、战斗初始状态、作战时间等。一般情势的信息主要有作战双方武器装备的配置、作战方案、攻击方式、队形、冲突场所和发生时间方面的细节等。专门情势的信息主要用于需要由专人充当对抗双方兵力或兵力指挥员的模拟,如交互式计算机对抗模拟、人工作战对抗模拟、军事演习等。

(2)数据和规则。建立数学模型,必须按照自动武器的装备性能和数据进行模拟,进而给出作战双方作战的数据、程序和约束条件。例如,自动炮不能射击炮兵的目标,必须在科学合理的规则之内,作战方针才能发挥它的实际作用。

(3)作战模拟。作战模拟是按照之前设计好的程序和规则,作战双方利用计算机模拟技术进行模拟网上对抗的一种方式,它要通过计算机软件构造的模型和战场环境进行作战。

3)作战仿真模拟数据准备

作战仿真模拟是对作战想定量化的结果。作战仿真模拟数据一般包括:参战双方的人员数量及战斗编成;战斗单位的初始位置;作战环境情况;进攻的时间、路线、队形、行动方向;火力支援计划等。

这些数据随不同的作战环境和双方的作战计划确定,还要受到模型描述详尽程度和设备能力的制约。

4)分析模拟数据结果

分析模拟的数据结果是作战仿真方法运用的核心和关键目的所在。只有通过对模拟数据的科学评估,才能得到一个较为科学合理的结论,发现其中的问题和不足。因此,对于一般的大型作战模拟系统来说,模型的数据分析才最关键的部分。

5.3.3 基于模糊评判的维修性论证

1. 模糊综合评判法

(1)基本概念。在自动炮的某些性能进行论证时,也会有一些参数难以用完全定性或者定量的方法进行描述,而只能使用模糊的、非定量的语言进行描述。因此,要对这些包括各种非定量模糊因素和模糊关系的指标进行正确、合理的量化。

(2)模糊集与模糊隶属函数。模糊集是刻画客观事物模糊性的数学工具。模糊性,主要是指客观事物间的差异在中介过渡状态所呈现的"亦此亦彼"性。如"好"与"坏"、"高"与"低"之间都找不到明确的界线。下面主要采取模糊统计法进行论述。

为了建立评价因素 U,对评价等级 Y 的隶属函数,以 U 的取值范围作为论域,调查若干人选,各自认真考虑 V 级的含义后,提出评价者认为 Y 级最适合的取值区间,即

$$Y = U(1、2、3)$$

(3)模糊关系矩阵 R。矩阵 R 是模糊综合评估的单因素评判结果。

(4)评判因素权向量 A 和合成算子。向量 A 代表各评价因素相对于被评价对象的重要程度,在模糊综合评估中用于对矩阵 R 做加权处理。

合成算子是指合成向量 A 和矩阵 R 所用的计算方法。

(5)评判结果向量 B。向量 B 是对每个被评估对象综合状况分等级的程度描述。

2. 自动炮的维修性论证

(1)建立评估因素集。根据步兵战车的基本性能,确定影响其维修性的基本指标。

(2)确定评估等级。根据诸因素对维修性的影响的程度不同划分为几个

等级。

（3）建立模糊关系矩阵。组织专家对各维修性进行打分,专家打分结果如表 5 – 2 所列。

表 5 – 2　专家打分结果

V〖U〗	V_1	V_2	V_3
U_1	0.7	0.2	0.1
U_2	0.3	0.6	0.1
U_3	0.2	0.2	0.6

（4）确定评判因素权重向量。根据维修性的重要性的程度的分析,设求选取维修度重要程度为 0.5,维修密度重要程度为 0.3,修复率重要程度为 0.2,作为步兵战车的评价指标,形成评价因素权重向量为

$$A = (0.5 \quad 0.3 \quad 0.2)$$

（5）计算评估向量：

$$B = (0.48 \quad 0.32 \quad 0.2)$$

按照最大隶属度原则,选择维修度因素是评估为最佳。属于优良等级的程度越高,可通过它进行比较评优。

第6章 车载导弹论证与评估

车载反坦克导弹是装甲机械化部队实施远距离打击且命中精度较高的有效反坦克武器,其还能摧毁坚固的地面工事和野战火力点。车载反坦克导弹系统主要包括战斗系统(导弹系统)和配套设备两大分系统,如图6－1所示,图中实线连接部分是一般车载反坦克导弹系统都具有的,虚线连接部分取决于制导的方式。

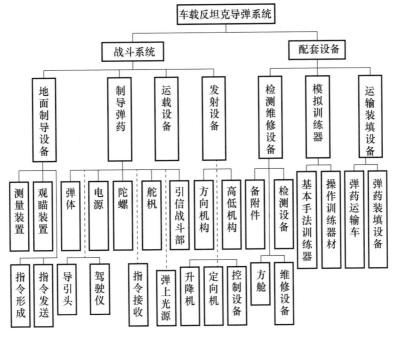

图6－1 车载反坦克导弹系统的组成

1. 战斗系统

战斗系统指武器系统中直接用于作战使用的部分装备,包括地面制导设备、制导弹药、发射设备和运载设备。

不同制导原理的地面制导设备和导弹可能有较大的差别,半自动瞄准线制导方式系统的地面制导设备一般由可见光和夜间瞄准具、导弹相对瞄准线角偏差测量装置、地面指令形成和发射装置以及电源等组成;导弹一般由弹体、陀螺

103

仪、舵机、发射与飞行发动机、引信、战斗部、电源、指令接受装置、曳光管或辐射源等弹迹标志物等组成。红外热成像、毫米波等自动导引方式的系统,弹下制导设备一般仅包括侦察器材,弹上制导系统由弹体、陀螺仪、舵机、发动机、引信、战斗部、电源、导引头和驾驶仪等组成。

弹下发射装置是赋予导弹初始射角、射向的设备,包括高低机、方向机和升降机构、控制设备,以及发射定向机构。它们随发射方式的不同稍有区别,主要是发射定向机构不同,可以是发射架、发射兼包装筒、火炮的身管等。运载设备是整个战斗系统的机动载体,可以是轮式或履带式车辆。

2. 配套设备

导弹系统的配套设备是指用于检测维修和模拟训练等后勤保障器材和装备,由于导弹系统一般价格比较昂贵,完善的技术维护和良好的模拟训练显得尤为重要。因此,配套设备是反坦克制导兵器系统的重要组成部分。配套设备一般包括以下两种。

(1)检测维修设备。报据我军的维修体制,导弹系统的检测维修设备分为一、二两级,一级检测设备也称为阵地检查仪。它装备于导弹分队,是定性检查战斗系统的弹下发射制导设备及制导弹丸能否用于发射的设备。但是,由于近年来弹下发射制导设备大量应用单片计算机,可以较方便地实现自检功能,加之制导弹药可靠性的提高,实际上新式武器系统一般不研制和装备一级检查仪,只研制和装备二级检测设备,二级检测设备一般安装在方舱或工程车上,装备师〈团〉修械所和院校,它包括定量检测弹下发射制导设备的专用仪器设备、维修各件和工具等。

(2)模拟训练器材 。一般反坦克导弹系统模拟训练器材包括操作手的导弹操纵或目标跟踪手法模拟训练器,以及用于对包括弹药手在内的所布操作人员展开、装填、撤收等动作进行训练的操作训练器材。

6.1 车载反坦克导弹系统指标体系

6.1.1 系统指标

车载反坦克导弹系统各项战术技术指标和使用要求组成了一个完整的、系统的密切关联的有机体系。在层次上,分为系统指标、分系统指标和主要部件与设备指标三个层次。车载反坦克导弹系统可以分为可靠性与维修性、突防能力、目标识别能力、火力杀伤能力、生存能力和环境适应性六大类。

1. 可靠性与维修性

（1）可靠性指标。包括发射飞行可靠度、引信瞎火率、弹下发射制导装置平均故障间隔工作时间（MTBF）或平均故障间隔次数（MNBF）、储存年限、储存的最高与最低温度和湿度、使用寿命等。

（2）维修性指标。包括平均维修时间（MTTR）、最大维修时间、维修环境条件要求、可达性等。

（3）自检指标。包括自检范围、故障检测率、虚警率、检测时间、显示方式等。

2. 突防能力

突防能力包括隐蔽性和隐身能力、运载体型号、类型、机动与运载方式、最大机动速度、平均机动速度、水上浮渡速度、越野行军速度、车辆软地通过能力、战斗全重与最大单件质量、战斗转换时间、系统反应时间、技术射速、导弹飞行速度、突破目标主动防护系统概率、抗干扰能力等。

值得强调的是对反坦克导弹系统而言，抗干扰能力是十分重要的指标，反坦克导弹系统的抗干扰能力如下：

（1）抗降雨、降雪、有雾等不良气候干扰；

（2）抗太阳光干扰（瞄准线与太阳夹角）；

（3）抗蓝天、白云、水面、冰面、雪地、草地、沙漠等复杂背景干扰；

（4）抗炮弹、地雷等爆炸火焰、红外探照灯、照明弹、白炽探照灯、激光、射频干扰；

（5）抗扬尘、烟幕干扰；

（6）抗欺骗和伪装干扰；

（7）抗导弹或目标被短时遮挡干扰。

3. 目标识别能力

目标识别能力主要是昼阳间、夜间、不良气候条件下对有迷彩以及毫米波或红外隐身措施目标的探测距离和识别距离。

4. 火力杀伤能力

火力杀伤能力包括攻击目标容量（一个作战单元同时监视目标数、跟踪目标数、攻击目标数）、最大与最小有效射程、高低与方向射界、最大与最小跟踪目标速度、攻击方式〈平飞、掠飞、俯冲〉、战斗部类型和破甲威力、命中概率或射击精度、待发与携行弹量等。

5. 生存能力

生存能力包括防原子、防化学和防生物战（简称"三防"）能力、装甲防护、发射安全区、车体倾斜发射能力、发动机不熄火发射能力、软发射能力等。

6. 环境适应能力

环境适应能力包括电磁兼容性、火线高度、最低与最高工作环境温度、最大与最小相对湿度、最大海拔高度、最大风速、抗振动、冲击、淋雨、浸水、沙尘能力等。

6.1.2 分系统主要指标

1. 导弹

导弹包括筒或箱装状态导弹和导弹的长、直径、质量、运输条件,以及对发射平台适应性、可检测性、可维修性,发射与飞行可靠度、无损落高、安全落高等。

2. 发射制导装置

发射制导装置包括自检时间、故障检测率、虚警率、连续工作时间、平均故障间隔时间(MTBF)或平均故障间隔次数、平均或最大维修时间、安全禁射要求、目标跟踪及操作方式、制导弹药的装填方式(自动、手动、半自动)、装填时间、载弹升起状态下短途机动要求、弹轴与光学轴线精度及校准方式等。

3. 检测维修设备

检测维修设备包括主要功能、检测时间、展开时间、撤收时间、自检能力、检测精度、平均故障间隔时间(MTBF)、连续工作时间、电磁兼容性要求、储存期限与条件、故障保险与隔离能力、自动保护措施、安装方式和抗振性能、维修性、备件种类和数量、使用方便性、检测自动化与智能化能力、环境适应性等。

4. 模拟训练器

模拟训练器除了包括主要功能、展开与撤收时间、自检能力、平均故障间隔时间(MIBF)、连续工作时间、电磁兼容性要求、储存期限与条件,维修性、备件种类和数量、使用方便性、环境适应性、电源适应性、连续工作时间、操作准备时间和操作环境模拟等指标以外,还包括以下事项:

(1)操作环境、操作程序、操作动作、视景、人员感受的仿真性;

(2)目标模拟方式、数量、运动方式、速度距离范围;

(3)地形、地物、地貌等背景模拟方式,远景和近最设置,目标运动中的遮挡和规避模拟、背景数量;

(4)发射程序、发射声响、弹丸掉地显示及声响,跟踪过程、瞄准偏差显示,命中与脱靶偏差显示;

(5)射弹尾迹、典型温度弹道。

106

6.1.3 主要部件和设备

战术技术指标论证不是武器系统研制过程的总体设计,不可能也无必要给出系统主要部件的性能和技术要求。但是,必须在战术技术论证中,对系统操作使用性能有重要影响的部件和设备提出比较明确的战术技术指标要求,它们和系统指标一样,是总体设计的依据。这些设备和部件的战术技术指标要求除了可靠性、维修性、质量、体积等外,主要还有以下战术技术指标要求。

1. 引信

引信的战术技术指标包括引信类型、炸高、抗干扰能力、最大发火角、瞎火率、炮口保险距离与可靠解除保险距离、钝感度、自毁能力。

2. 热像瞄准具

热像瞄准具的战术技术指标包括目标探测距离和识别距离、工作波段、最小可分辨温差、瞬时与系统视场、视场转换方式、调焦方式和范围、显示与观察方式、制冷方式与冷却时间等。

3. 光学瞄准具

光学瞄准具的战术技术指标包括潜望高度、分划及十字线形状、视度调解范围、视场个数、大小和倍率。

4. 电源

电源的战术技术指标包括类型、容量、电压范围、最大工作电流、使用寿命。

5. 底盘车

底盘车的战术技术指标如下:

(1) 驱动形式、底盘重量、乘员数、外廓尺寸、接近角与离去角等总体指标;

(2) 单位功率、公路最大速度、最大爬坡度、最小转弯半径、通过崖壁高、越境宽、最大行程、软地通过能力、水上最大速度等机动性指标;

(3) 装甲防护水平、"三防"和灭火系统形式和性能、迷彩和吸波隐身性能、烟幕防护系统、轮胎被枪弹击穿后行驶能力等防护性能要求。

6. 激光测距机和激光测距目标指示器

激光测距机战术技术指标一般包括:工作物质和工作波长、测程、测距误差、重复频率、准测率、角分辨力、距离分辨力、距离选通方式、测距逻辑等;激光测距目标指示精要增加编码方式、激光脉冲能量、连续照射时间、照射次数、照射间隔时间等。

6.1.4 指标的属性与表达

系统战术技术指标本身对研制立项具有辅助决策作用,对方案论证具有最大指导作用,对型号研制具有技术控制作用,对型号定型具有技术评审作用,是立项、签订研制合同、各阶段评审、定型试验和定型审查等贯穿整个研制过程的基本依据,它具有以下特点。

1. 先进性

只有先进的指标才能有先进的武器装备,这是不言而喻的。这里说的"先进"有两层含义:一是不仅要追求关键指标的先进,更要追求总体性能的先进,具有较高的作战效能;二是不仅论证时先进,更要注重经过若干年研制装备部队后使用期间仍具有先进性,不考虑这个时间差,武器装备必定落后。

2. 完整性

指标体系是一个完整的整体,缺少某一个重要指标,都会给研制工作带来麻烦甚至重大损失。但是,完整指标体系的提出是有过程的,可以随着方案论证的深入即研制工作的展开,由全局到局部,由总体到部件,由关键到一般,逐步细化、完善。使用部门在论证中切忌不要越俎代庖,只要提出和使用及勤务处理有关的指标要求即可,不必要规定分系统和部件设计有关的参数和要求。

3. 协调性

指标体系是一个有机的整体,各项指标要求是密切相关的,如瞄准线制导系统的命中精度和目标外廓大小、目标机动能力、最大与最小射程、制导体制、操作方式、导弹机动能力、发射方式、飞行速度、甚至瞄准具分辨力、倍率、分划样式等都有关系。论证中往往追求几项重要指标的先进性,但是这几项指标之间经常发生矛盾和冲突,难以取舍,如反坦克导弹的威力与质量、先进性和经济性的矛盾。此时需要进行综合权衡:一是对诸备选的主要指标以某准则加权,列出层次分析法指标矩阵,以两两对比法,打出分数,并计算权重,然后排出优选顺序;二是用效能分析法,计算不同指标体系的作战性能和效费比,对不同备选指标体系的方案进行对比、优选。

4. 可行性

技术上达不到的指标是没有意义的,所有先进指标都受到技术可行性的制约,战术技术指标论证必须建立在关键支撑技术已经突破、关键元器件和材料已经解决的基础上,为了避开某些技术和关键元器件存在的问题,可以不必苛求单项技术指标或方案的先进型,更应当注重综合性能和总体方案的合理匹配和协调,追求高的作战效能和效费比。

5. 严谨性

作为研制工作基本依据的战术技术指标必须表述得清晰、准确,技术术语和单位符合标准化要求,不能含糊其词,以免造成歧义。

6. 可检查性

要求提出的战术技术指标具有良好的可检查性,即在我国现有的试验条件下,通过飞行试验、实物模拟试验、仿真试验等严格的试验,逐一进行考核、评估,能够按指标要求得出明确的定量或定性结论。

6.2　车载反坦克导弹系统的论证方法

论证是运用科学的理论、方法和手段,通过调查、研究、仿真、计算、试验、类比、推理和判断等,对项目和型号进行一系列运筹分析、系统分析、预测分析、技术经济分析、评价决策分析和综合的科学研究过程。以下介绍车载反坦克导弹系统论证的基本原则、内容、指标体系和方法。

6.2.1　论证的内容

车载反坦克导弹系统包括战斗系统和配套设备两大部分。战斗系统包括导弹、弹下发射、制导、观瞄设备、发射车等运载设备、通信、指挥设备等;配套设备一般包括模拟训练设备、检测维修设备、操作训练器材、运输装填设备等。

反坦克导弹的型号论证分为综合论证、战术技术指标论证和方案论证。综合论证是第一阶段论证,主要进行需求分析,提出初步战术技术指标和使用要求,目的是为立项服务,并作为研制部门方案论、研究的基本依据。战术技术指标论证和方案论证是在立项后的第二阶段论证,提出具体战术技术指标和使用要求,形成的研制总要求,作为签订研制合同的依据,并指导整个型号研制工作。两个阶段论证基本内容相同,只是第二阶段论证更为深入、细致、准确和全面。在进行上述两个阶段论证过程中同时进行总体技术方案论证。

1. 综合论证

综合论证的主要内容包括:作战需求分析,作战任务和使命,主要作战使用性能和战术技术指标,初步总体技术方案,技术与经济可行性分析,研制周期,研制经费概算;装备定购价格与数量预测,部队编配方案,装备水平及效能分析,装备命名、研制组织分工建议等。

2. 战术技术指标论证

战术技术指标论证的主要内容包括:该武器装备在未来作战中的地位、作用、作战使命、任务和作战对象,国内外同类武器装备的现状、发展趋势及对比分析,上要战术技术指标及使用要求,技术可行性、关键技术及初步总体技术方案,研制周期、经费预测,初步保障条件分析;各研制阶段计划安排,研制任务组织、分工、实施措施和建议,装备编配设想及目标成本,主要配套设备及要求,作战效能分析等。

3. 总体技术方案论证

总体技术方案论证的主要内容包括：国内外同类武器装备的技术现状、发展趋势分析；主要战术技术指标及使用要求的分析和分解；总体、分系统和主要部件的技术方案；研制周期、经费预测，技术可行性、关键技术分析；初步保障条件分析等。论证的中心和重点是总体技术方案论证，包括武器系统的组成、导引方式、运载方式、控制方式、弹道方案、发射方式、动力和推进方案、发射制导装置和导弹的结构布局、主要部件的类型和技术参数等。

6.2.2 论证基本程序和方法

1. 论证的基本程序

（1）作战使用论证包括以下内容。

① 作战对象和作战目标分析和明确该武器系统服役期内对付的主要作战目标和作战对象，分析目标的防护能力、火力和机动性等主要战术技术性能及其对该武器系统影响；分析敌方装甲部队的编制和装备情况，所确定的作战目标在敌装甲系列中的地位和作用、作战使用原则和特点，研究作战目标及其作战运用对该反坦克导弹系统主要战术技术指标、使用要求的影响。

值得注意的是：随着新时期炮兵作战环境、作战目标、作战任务的变化，以及制导、发射、运载、发动机、计算机、引信、战斗部等反坦克导弹系统支撑技术的发展；反坦克导弹系统及其他反坦克制导兵器系统已经由主要攻击坦克等装甲战斗目标的专用武器，发展为还能大量用于摧毁地堡、工事、火力点等地面点状固定目标，又能用于攻击武装直升机、两栖坦克、登陆舰船等低空或水面小型目标的通用武器装备；还有一种是以直升机、固定翼飞机和地面车辆运载，以火箭发射或以各种火炮发射的多用途近距离精确打击武器。

② 战术使用设想。研究我军反坦克导弹系统的现状及存在的问题，论证的新型号在我军反坦克武器装备系列中的地位和作用，提出该导弹系统的作战使命和战术使用设想。

③ 装备的级别和作战任务。明确拟定的装备时间、服役期限、装备级别、使用的时机和范围、配置的原则、操作人数及战斗编成及使用环境条件分析。分析使用的自然环境和战场环境条件、可能遭遇的对抗手段和干扰措施等。

（2）国内外同类导弹系统的现状、发展趋势分析研究国内外目前反坦克导弹系统装备、生产和研制情况以及发展趋势。

（3）分析关键技术和有关型号预先研究情况，本型号背景项目进展、预研和演示验证情况，相关的新理论、新技术、新材料和新工艺被利用的可能性。

（4）和有关研制单位密切结合，论证提出 2～3 个初步总体技术方案，并提出优选方案。

（5）提出武器系统各边的主要战术技术指标。

备选战术技术指标的提出主要应根据战术使用的要求，同时应兼顾技术指标的合理性、技术实现的可能性及武器系统的经济性，反复推敲，综合比较平衡。武器系统主要战术技术指标体现在战斗装备，如导弹系统和各主要配套设备战术技术指标中。

（6）编制战术想定，搜集基础数据，建立数学模型，通过计算机数字仿真，进行作战效能计算分析，并通过多方案对比、优化指标体系。

（7）确定武器系统的主要战术技术指标。

2. 论证的基本方法

1）直接分析法

当论证对象简单、目标明确、条件明显、关联较少、性质和范围清楚时可用直接分析法建立简单的数学模型进行计算分析，如威力、重量、发射与携行方式、反应时间、飞行时间、飞行速度等。

一般情况下，对线性或非线性数学模型，都可以用下面的状态方程表示，即

$$\mathrm{d}\boldsymbol{X}(t)/\mathrm{d}t = \boldsymbol{F}\big[\boldsymbol{X}(t),\boldsymbol{U}(t),t\big]$$
$$\boldsymbol{Y}(t) = \boldsymbol{G}\big[\boldsymbol{X}(t),\boldsymbol{U}(t),t\big]$$

式中：$\boldsymbol{X}(t)$、$\boldsymbol{U}(t)$、$\boldsymbol{Y}(t)$ 分别为 N、P、Q 维向量；$\boldsymbol{F}$、$\boldsymbol{G}$ 分别为 N、P 维向量函数。

2）类比法

通过与国内外同类装备对比，借鉴其科研成果、成功的作战使用经验、使用原则、主要指标和技术方案，找出其不足和缺陷，提出新的指标体系，这是常用的论证方法。这种方法尤其适用于某些指标论证中关键的论据不充分和重要条件不明确时使用。例如，在对某个作战对象的坦克装甲防护性能了解不很准确情况下，论证提出战斗部威力和技术方案时，可以借鉴该国作为作战对象的新型反坦克武器战斗部的威力和方案。该方法还大量应用在改进武器系统论证中，由于这种论证的基础、目标和对象非常明确，新指标体系和方案相对原系统有一部分具有很强的继承性，而新指标和技术方案相对原指标也具有很强的可比较性。因此，此时采用类别法比较方便有效。

3）模拟法

对于模型结构清楚但数学求解困难的问题，可以用一个结构与要研究的问题相同而模型相似的系统进行模拟，通过对该模型的试验、分析和求解，得到需要研究的问题的结论。在反坦克导弹系统论证中，这种方法大量应用于研究系统的空气动力、导引和控制、发射动力等规律和性能。例如，以缩比的

弹体模型在风洞中研究其空气动力特性。在战术技术论证中还大量运用作战模拟法,它属于军事运筹学方法,是通过战术想定,把论证的武器系统置于特定的模拟作战环境中,并按照指定的规则和程序,以模拟和数字仿真的方法,进行模拟对抗。

4)试验分析法

在新型反坦克导弹系统论证中,可能存在基础数据不完整或没有的情况,导致战术技术指标和技术方案难以确定,论证工作难以开展。在这种情况下,经常用到试验分析法,通过试验取得第一手数据,作为论证的依据。例如,在某型反坦克导弹系统战术技术指标和方案论证中,在论证掠飞击顶方案的战斗部威力指标时,针对非弹丸轴内装药战斗部起爆时,存速对穿、破甲深度的影响,即"涂抹效应"问题进行了试验。在论证自寻的方案的战斗部威力指标时,针对导引头位标器对破甲弹威力损失率问题,进行了静破甲试验。这些试验对战斗部威力指标确定提供了确实可信的依据。

5)AHP 法

在某型反坦克导弹制导方案论证中,运用了 AHP 法。基本思路是:首先,以选出最佳方案为总目标,提出层次化的方案评选结构模型,确定评选最佳方案的三项准则,即使用性能、技术性、经济性;然后,按主要战术技术要求,把这三项准则具体化为互相关联、互相影响的 16 项指标,从而建立起有序的层次,形成多层次的分析结构模型;其次,制定每一层次的各因素相对重要性的主观判断定量标度,并用数学方法明确说明每一层次各种因素相对重要次序的权重;最后进行综合系统分析,也就是根据结构模型中最低层(几种方案)相对于最高目标的相对重要性极重,做出相对优劣的排序。

6)德尔菲法

德尔菲法是 20 世纪当 50 年代美国兰德公司提出的一种专家咨询法,也称专家评议法或直观推断法,对那些缺少确切依据并且可提供多方案的对象进行专家咨询。专家咨询的程序是:先将所要评估的问题及背景提供给专家,由专家在各自立场上独立思考,做出判断和答复,然后对专家的答复加以综合、整理、归纳,再反馈给专家,请专家做出新的判断,并进行修改,如此反复多次后,可以收敛为较为集中的意见,以供决策者参考。特点是每位专家在各自立场上独立思考,避免集体讨论时受其他非技术因素的影响,能充分听取专家的意见及理由,并可使少数专家的意见得到尊重。它具有匿名性、反馈性和统计性的特点。有时,德尔菲法比会议讨论、集中意见的方法要更科学、合理,具体实施效果如何取决于组织者确定的评估问题正确性、提供背景的充分和真实性,以及所聘请的专家的权威性。

6.3 车载反坦克导弹效能评估的基本方法

6.3.1 效能评估的指标

评价一种制导兵器的作战效能可以根据不同的需要和目的,采用可靠度、命中概率、生存能力、机动能力、反应能力、对抗能力、抗干扰能力和易损性等若干单项指标表示。但是,单项指标往往只能反应武器系统效能的某一个侧面,不能表征整个系统的综合作战能力。因此,一般用包含若干项主要性能指标的量度综合评估作战效能。常用的性能指标有:单发毁伤概率、击毁单个目标的平均消耗弹数、兑换率、效能费用比或费用效能比、可用性、可行性和能力等。

1. 单发毁伤概率

在已知武器系统进攻作战中的突防概率 P_{br} 或防御作战中的生存概率 P_{ex},导弹发射与飞行可靠度 P_{ex},命中概率 R_1,引信战斗部正常工作概率 P_{fw} 以及导弹命中且引信、战斗部正常工作条件的击毁率 H_1 的情况下,单发毁伤概率为

$$P_{sk} = P_{br}P_{ex}R_1P_1P_{fw}H_1$$

2. 击毁单个目标平均发射导弹数

击毁单个目标平均发射导弹数 M 为 P_{sk} 的倒数,即

$$M = \frac{1}{P_{sk}}$$

3. 兑换率

在对抗条件下,兑换率为击毁目标的概率 P_{sk} 与制导兵器系统本身被击毁概率 P_{mk} 之比,即

$$\eta = \frac{P_{sk}}{P_{mk}}$$

4. 效费比

在已知单个目标价格 E_{sk} 和单套制导兵器的价格 E_{mk} 情况下,效费比为

$$\xi = \frac{P_{sk} \cdot E_{sk}}{P_{mk} \cdot E_{mk}}$$

5. 可用度

可用度是可用性的定量指标,可用性是指武器系统开始进入战斗状态时,处于正常工作的程度;可用度是指武器系统开始工作时处于正常工作状态的概率。可用度依赖于地面发射制导和运载系统的可靠性 R_{fg}、MTBF 和 MTTR ,即

$$A = \frac{R_{fg}\text{MTBF}}{\text{MTBF} + \text{MTTR}}$$

6. 可信度

可信性是指执行任务过程中,系统处于正常上作状态的程度,可信度 D 是可信性的定量指标,是系统工作过程中处于正常工作状态的概率。对于一般制导兵器,可信度就是可靠度。

7. 能力

制导兵器的能力 C 是指在给定的条件下,最终摧毁或杀伤给定目标的概率,实际上可认为就是单发击毁概率 p_{sk}。

8. 效能

根据美国工业界武器系统效能咨询委员会(WSEIAC)建立的效能概念和框架,效能由可用性、可信性和能力三部分决定。若效能 E、可用度 A、可信度 D 和能力 C 分别用其效能行向量 $\boldsymbol{E}^{\text{T}}$、可用度矩阵 $\boldsymbol{A}^{\text{T}}$、可信度矩阵 $\boldsymbol{A}$ 和能力矩阵 $\boldsymbol{C}$ 表示,则

$$\boldsymbol{E}^{\text{T}} = \boldsymbol{A}^{\text{T}} \cdot \boldsymbol{D} \cdot \boldsymbol{C}$$

6.3.2 作战效能分析方法与程序

1. 作战效能分析方法

作战效能分析一般有以下三种方法。

(1)试验法。通过军事演习、实弹射击,得出所研究的随机变量即效能量度值的统计分布或经验表征,统计出效能量度的数值。这有一种物理模拟方法,在一定阶段是需要的,但是耗费大、时间长。

(2)解析法。在分析与作战使用、射击过程有关的各项条件和目标性质等基础上:首先用数学方法找出表示作战效能指标的解析表达式;然后进行数值计算。

(3)统计试验法。这是按照事先规定好的逻辑法则和数学模型,用计算机进行模拟,获得一系列随机现实并对其进行统计处理,得出效能计算结果。

目前,日益普及而且大量应用的是解析法和统计试验法。

2. 效能分析基本程序

制导兵器作战效能分析一般按下列程序进行。

(1)确定效能量化指标。根据分析的对象、需要和基本目的,选定一个或 N 个目的敏感、能正确反映分析结果优劣的量化数值表征。

(2)拟定战术想定。根据敌我双方作战原则、作战方法、武器装备的编制和主要战术技术性能,确定参战的兵力、武器装备的种类和数量。合理设置战斗队

形,正确选择敌我双方各时节的战斗动作、样式、时间和火力运用。

（3）充分准确占有数据。为了取得准确可信的定量计算结果,必须充分准确地占有各种战术运用过程的数据、武器装备性能数据、射击操作数据等,而且对原始数据进行必要的处理,使之符合数学模型输入的需要。

（4）建立数学模型。利用战术想定和基础数据,充分考虑双方交战时所处的状态、火力威胁情况、对抗态势和火力分配关系等,拟定模拟模型关系框图,并确定对抗过程中敌我双方突防、生存、发现、机动、发射和毁伤等事件的数学表达式。

（5）编制计算程序进行模拟计算。一般效能分析都是多个方案对比的优化过程:首先构筑一个较为成熟的基本方案,根据计算结果揭露矛盾,发现弱点,根据技术可能和使用需要,予以调整,构成若干个新方案;然后重新模拟计算,组成一个方案系列,在计算机上进行反复计算,得出各方案的作战效能;最后针对不同的效能评价指标,对方案系列进行模拟计算。

（6）进行作战效能分析,确定最优方案。利用多方案、多评价指标的效能计算结果,并综合平衡其他效能模型中没有涵盖的因素,如研制周期、技术难度等,确定最优方案或战术技术指标体系。

6.3.3 车载反坦克导弹射击效率评定

1. 作战任务及系统组成

车载式反坦克导弹武器系统具有比便携式反坦克导弹射程更远、威力更大的优点,并能快速机动作战、昼夜使用。由于其射程远,导弹飞行时间比便携式导弹长,所以其射击效率评定必须根据其战术技术使用性能和具体的作战任务剖面,综合考虑射程、射速、命中率、毁伤能力、机动性、生存性、易损性和系统可靠性等进行评定。

发射车占领阵地后,发射数枚导弹消灭敌方一个或数个装甲目标。为了避免敌方火力的攻击,每辆发射车在一个阵地上发射 2~4 枚导弹后,迅速转移阵地。

决定和影响车载反坦克导弹系统综合能力的主要有两种能力:打击能力和机动能力,同时这些能力又可进一步分解成若干种分能力,最后则可将这些分能力分解为形成该分能力的主要性能指标,如射程、射速、命中率、毁伤能力、机动性、生存性、易损性和系统可靠性。

从车载反坦克导弹形成的两种能力考虑,可将车载反坦克导弹武器系统分成两大子系统:一是火力系统,主要完成对敌装甲目标和坚固点目标的毁伤任务,包含发射制导装置和导弹,可将火力系统(以四联装导弹系统为例),描绘成串/并联系统;二是机动防护系统,包括底盘、烟幕、"三防"装置等,及主要用于完成阵地转移和战场机动及一定的防护。

2. 效能模型

1) 总体系统效能模型

运用美国 WSEIA 提出的武器系统效能模型,将系统效能定义为武器系统完成阵地作战任务的概率,为系统的可用度向量 A、可信度矩阵 D 和能力矩阵 C 的乘积,即 ADC 模型。

可用度向量 A 是指武器系统在开始执行任务时系统状态的度量,它与武器系统可靠性、可维修性、维修管理水平、维修人员数量及其水平、器材供应水平等有关,是对武器系统平时战备保养和维修能力的反映。

可信度矩阵 D 是指对武器系统在执行规定任务期间,系统工作状态变化的度量,它是对系统可靠性和连续工作能力的反映。

能力矩阵 C 是指武器系统在工作期间完成规定任务程度的量度。

由于车载反坦克导弹两大系统基本是独立地履行各自的任务,因此可把车载反坦克导弹系统的总体效能分解成两大子系统的加权和,即

$$E = W_f E_f + W_m E_m$$

式中:E 为车载反坦克导弹系统总效能;E_f,E_m 分别为火力系统效能和底盘系统效能;W_f,W_m 分别为火力系统效能和底盘系统效能对于系统总体效能的权重。

2) 火力系统效能模型

火力系统的效能由下式计算:

$$E_f = A_f \cdot D_f \cdot C_f$$

式中:A_f 为火力系统的有效性向量;D_f 为火力系统的可信度矩阵;C_f 为火力系统的毁伤能力矩阵。

根据车载反坦克导弹武器火力系统的组成,火力系统采用 4 枚导弹并联,因而其中 1 枚、2 枚或 3 枚导弹发生故障时,并不会导致整个火力系统的发射失败。但是,如果发射制导分系统出现故障,而且不能在允许的时间内排除,将影响整个系统的发射。因此,在进入发射阵地时,其系统状态有以下五种:

(1) 各分系统均能正常工作;

(2) 地面发射控制系统能正常工作,4 发导弹中有 1 发故障,3 发正常,整个系统能正常工作;

(3) 地面发射控制系统能正常工作,4 发导弹中有 2 发故障,2 发正常,整个系统能正常工作;

(4) 地面发射控制系统能正常工作,4 发导弹中有 3 发故障,1 发正常,整个系统能正常工作;

（5）地面发射制导装置处于故障状态。

对于以上五种状态，其有效性向量为

$$\boldsymbol{A}_f = [a_1, a_2, a_3, a_4, a_5]$$

其中

$$a_1 = a_m a_g^4$$
$$a_2 = 4a_g(1 - a_m)a_m^3$$
$$a_3 = 6a_g(1 - a_m)^2 a_m^2$$
$$a_4 = 4a_g(1 - a_m)^3 a_m$$
$$a_5 = 1 - a_1 - a_2 - a_3 - a_4$$

式中：a_m 为导弹系统可靠性。

对应于火力系统有效性的五种状态，在阵地发射准备过程中，系统的可信度矩阵为

$$\boldsymbol{D}_f = \begin{bmatrix} d_{11} & d_{12} & d_{13} & d_{14} & d_{15} \\ d_{21} & d_{22} & d_{23} & d_{24} & d_{25} \\ d_{31} & d_{32} & d_{33} & d_{34} & d_{35} \\ d_{41} & d_{42} & d_{43} & d_{44} & d_{45} \\ d_{51} & d_{52} & d_{53} & d_{54} & d_{55} \end{bmatrix}$$

其中 $d_{11} = R_g R_m^4, d_{12} = 4R_g R_m^3 (1 - R_m), d_{13} = 6R_g(1 - R_m)R_m^2,$
$d_{14} = 4R_g(1 - R_m)^3 R_m, d_{15} = 1 - d_{11} - d_{12} - d_{13} - d_{14};$
$d_{22} = R_g R_m^3, d_{23} = 3R_g R_m^2, d_{24} = 3R_g R_m,$
$d_{25} = 1 - d_{21} - d_{22} - d_{23} - d_{24} = 1 - R_g R_m^2 - 3R_g R_m^3 - d_{14} = 3R_g R_m;$
$d_{33} = R_g R_m^2, d_{34} = 2R_g R_m, d_{35} = 1 - d_{31} - d_{32} - d_{33} - d_{34} = 1 - R_g R_m^2 - 2R_g R_m^3;$
$d_{44} = R_g R_m, d_{45} = 1 - R_g R_m; d_{55} = 1;$ 其余各项都为零。

式中：R_g 为地面发射控制系统在发射准备时间 T 内可靠工作的概率，$R_g =$
$\exp(-T/\mathrm{MTBF}_g)$；R_m 为导弹在发射准备时间 T 内可靠工作的概率，$R_m = \exp(-T/\mathrm{MTBF}_m)$。

毁伤能力 C_f 是车载反坦克导弹系统的核心能力，是发射导弹的数量、射击精度和威力等因素的反映，毁伤能力矩阵为

$$\boldsymbol{C}_f = [c_1, c_2, c_3, c_4, c_5]$$

其中

$$c_1 = 1 - (1 - p)^4$$
$$c_2 = 1 - (1 - p)^3$$

$$c_3 = 1 - (1 - p)^2$$
$$c_4 = p$$
$$c_5 = 0$$

式中:p 为单发导弹的条件毁伤概率,可定义为 $p = p^{(1)} p^{(2)}$;$p^{(1)}$ 为导弹飞行过程中的可靠性,可定义为 $p^{(1)} = \exp(-\lambda_m t)$;$t$ 为导弹飞行时间;λ_m 为导弹飞行过程中的故障率;$p^{(2)}$ 为导弹战斗部对目标的条件毁伤概率,对点目标一般用毁伤概率表征。

将装甲目标看成点目标,弹着点坐标服从均方差为 (σ_x, σ_y) 的二维正态分布,瞄准点坐标为目标中心 (x_0, y_0),无系统误差时,认为瞄准点坐标即为弹着点散布中心,则:

$$p^{(2)} = \iint \frac{\mathrm{d}(x,y)}{2\pi\sigma\sigma_{yx}} \exp\left(\frac{(x-x_0)^2}{2\sigma_x^2} - \frac{(y-y_0)^2}{2_y^2} \right) \mathrm{d}x\mathrm{d}y$$

式中:$\mathrm{d}(x,y)$ 为毁伤函数,根据导弹战斗部毁伤情况选择具体形式,对于破甲战斗部,一般用穿透率 p_e 表示,即只要命中装甲目标就有 p_e 的毁伤概率,即服从 $K = 1$ 时的 0—1 毁伤律,与命中点的关系如下。

对于固定目标,有

$$\mathrm{d}(x,y) = \begin{cases} 0 & |x-x_0| > 1.15, |y-y_0| > 1.15 \\ p_e & |x-x_0| \leqslant 1.15, |y-y_0| \leqslant 1.15 \end{cases}$$

对于活动目标,有

$$\mathrm{d}(x,y) = \begin{cases} 0 & |x-x_0| > 2.3, |y-y_0| > 1.15 \\ p_e & |x-x_0| \leqslant 2.3, |y-y_0| \leqslant 1.15 \end{cases}$$

$$p^{(2)} = \frac{p_e}{2\pi\sigma_x\sigma_y} \iint_{|x-x_0|>1,15,|y-y_0|\leqslant 1.15} \exp\left(\frac{(x-x_0)^2}{2\sigma_x^2} - \frac{(y-y_0)^2}{2\sigma_y^2} \right) \mathrm{d}x\mathrm{d}y$$

其中,σ_x 和 σ_y 的值对于固定目标和活动目标是不一样的,根据有关资料分析,对于采用光学瞄准、电视测角和三点法导引的导弹,σ_x 和 σ_y 的值如表 6-1 所列。

表 6-1 不同射程时固定目标和运动目标的 σ 值

射程 L/m	100	200	300	400	500	600	700	800
固定目标 σ_x/($10^{-2} \times$ m)	58	61	61	57	53	53	40	38
活动目标 σ_y/($10^{-3} \times$ m)	620	654	654	615	590	510	466	452
射程 L/m	1500	2000	2500	3000	3500	4000	4500	5000
固定目标 σ_x/($10^{-2} \times$ m)	31	31	32	35	39	40	43	46
活动目标 σ_y/($10^{-3} \times$ m)	400	414	437	474	520	550	590	640

3）机动系统的效能

机动系统的效能由下式计算,即

$$E_m = A_m \cdot C_m \cdot D_m$$

式中:A_m 为机动系统的可用度向量;C_m 为底盘系统的可信度矩阵;D_m 为底盘系统的能力向量。

假设底盘系统只有正常和故障两种状态,而且在执行任务期间出现的故障不可修复,则可用度向量为

$$A_m = A = \{a_1, a_2, a_3 \cdots, a_n\}$$

式中:MTBF_m 为底盘系统平均故障间隔时间;MTBR_m 为底盘系统平均故障修复时间;MMBF 为底盘系统平均故障间隔里程;v_a 为底盘系统平均行驶速度。

底盘系统的可信度矩阵为

$$D_a = \begin{bmatrix} d_{m11} & d_{m12} \\ d_{m21} & d_{m22} \end{bmatrix} = \begin{bmatrix} \mathrm{e}^{-s/\mathrm{MMBF}} & 1 - \mathrm{e}^{-s/\mathrm{MMBF}} \\ 0 & 1 \end{bmatrix}$$

式中:s 为任务要求的行驶里程。

底盘系统的能力矩阵为

$$D_a = \begin{bmatrix} c_{m1} \\ c_{m2} \end{bmatrix} = \begin{bmatrix} c_{m1} \\ 0 \end{bmatrix}$$

式中:c_{m1} 为底盘系统的机动能力,是由行军战斗转换时间、最大行驶速度、单位功率、最大行程等因素决定,可参考同类底盘比较得出具体值。

第7章　遥控武器站论证与评估

遥控武器站是可配置多种武器和不同组合的火力控制系统,具备目标搜索、识别、跟踪、瞄准和行进间射击等遥控操作功能,是可安装在多种军用车辆平台上相对独立的模块化武器系统。遥控武器站配备的武器包括各种中小口径机枪、自动榴弹发射器、机关炮以及导弹等。与现装备的车载自动武器相比,遥控武器站具有涉及技术领域广、结构复杂、集成度高及性能评估难等特点,在技术指标论证、方案评估、性能预测、鉴定试验、监造验收以及部队使用时,均离不开对其性能进行客观、科学、系统、实时的分析评估。本章主要介绍遥控武器站主要战术技术指标体系及性能评估方法等。

7.1　遥控武器站指标体系

7.1.1　遥控武器站系列组成及主要用途

装甲车辆轻型遥控武器站系列包括:机枪遥控武器站,简称Ⅰ型遥控武器站;机枪加自动榴弹发射器遥控武器站,简称Ⅱ型遥控武器站;自动炮加反坦克导弹遥控武器站,简称Ⅲ型遥控武器站。

（1）Ⅰ型遥控武器站主要配装于巡逻车、卫生救护车和防暴车等车辆,也可作为辅助武器配装于主战坦克或突击车,用于杀伤1000m内的有生力量。Ⅰ型采用双轴稳定式顶置无吊篮结构,配装机枪,也可换装机枪。遥控武器站采用电传动,配白光CCD摄像机、非制冷红外热像仪和激光测距机、火控计算机及各类型传感器和显示、操控装置等。

（2）Ⅱ型遥控武器站主要配装于各种类型的装甲输送车、侦察车、指挥车、抢救抢修车和巡逻车等车辆,也可作为辅助武器配装于主战坦克,用于打击1500m内的轻型装甲目标、简易火力发射点和有生力量。具备对空自卫射击能力。Ⅱ型遥控武器站采用双轴稳定式顶置无吊篮结构,配装机枪和自动榴弹发射器。遥控武器站采用电传动,配白光CCD摄像机、非制冷红外热像仪和激光测距机、火控计算机及各类型传感器和显示、操控装置等。

（3）Ⅲ型遥控武器站主要配装于突击车等装甲车辆,用于摧毁2500m内的坦克装甲车辆、压制消灭简易火力发射点和有生力量,抵御武装直升机攻击。Ⅲ型遥控武器站采用双轴稳定式顶置无吊篮结构,配装自动炮、并列机枪和反坦克导弹。武器站采用电传动,配有白光 CCD 摄像机、红外热像仪、电视测角仪、激光测距机、火控计算机及各类型传感器、导弹控制发射装置、显示和操控装置等。

7.1.2　遥控武器站主要战术技术指标

遥控武器站属于新型武器装备。新型武器装备的主要战术技术指标的论证,应在装备体制和发展方向已经论证的基础上进行的。主要战术技术指标是领导机关做出新型装备研制、生产的决策依据,也是新型装备研制、鉴定、生产、验收的依据。

1. 战术技术指标论证的任务和主要内容

战术技术指标论证的主要任务是根据遥控武器站作战使用性能要求,通过调查研究、理论计算和一定的模拟试验等进行综合分析和权衡优化,对遥控武器站战术技术指标提出可供选择的方案,并按要求编写相应的文件。

战术技术指标论证的主要内容。论证一个新型号武器装备的作战使用性能,首先要确定指标项目。对于新型遥控武器站,在确定指标项目时,应当考虑两个方面问题:一是应当具备的通用性指标;二是遥控武器站必须具备的特殊指标。通用性指标一般包括以下几类。

（1）可靠性:包括武器装备能保持安全的、正常工作的工作环境及其他要求,如平均致命故障间隔发射弹数、平均故障间隙行驶里程、身管寿命发数等主要性能指标要求。

（2）维修性:包括平均预防维修时间,预防性维修间隔期,平均修复时间等反映装备系统接受维修的内在能力指标以及可反映装备维修性的定性要求。

（3）保障性:包括装备保持战备完好性和持久作战能力所涉及的配套设备、器材、备附件、工具及人员的要求。

（4）反应能力。

（5）生存能力。

（6）电子防御能力。

（7）兼容性。

（8）安全性:包括对枪炮系统寿命周期内各任务剖面中的人员、装备及设备的安全要求。

（9）作战效能。

（10）经济性:包括对寿命周期及费用要求的论证,如研制周期、服役期、研制费用概算和寿命期费用概算等指标。

（11）环境适应性。

（12）人—机—环工程：包括人机工程设计要求，如使用操作时的人、机、环境协调配合的可达性、迅速性、轻便性和舒适性等。

（13）尺寸、体积和质量要求。

（14）标准化要求。

（15）其他。

遥控武器站的特殊性能指标是指结合装备实际情况，反映新型装备自身特点的一些性能指标。一般应包括以下主要内容。

（1）威力：包括武器的射程、精度、发射速度、弹丸威力等。

（2）机动性：包括质量、运动性、行军战斗转换时间、武器的火力机动性等。

（3）防护能力：包括防盾或装甲的抗弹能力，人员防原子、防化学、防生物系统的能力以及配套设备防电磁辐射等性能指标。

2. 遥控武器站主要战术技术指标要求

单枪遥控武器站的主要战术技术指标要求主要有以下几个方面。

（1）主要功能要求：具备在车内完成对目标的搜索、观察、瞄准和打击功能；具备手动应急使用功能；具备武器位置显示和射界限位功能；具备双重武器射击保险功能；

（2）主要战术技术指标要求：

质量

全质量（含弹药）：$\leqslant \times \times kg$

车外安装部分：$\leqslant \times \times kg$

最大高度（车顶至最高点）：$\leqslant \times \times mm$

主要武器：车载机枪

弹箱容量：$\geqslant \times \times$ 发

高低射界：$-\times \times (°) \sim \times \times (°)$

方向射界：$n \times 360°$

方向调枪速度：$\times \times (°)/s \sim \times \times (°)/s$

高低调枪速度：$\times \times (°)/s \sim \times \times (°)/s$

方向、高低调枪加速度：$\geqslant \times \times °/s^2$

系统反应时间：$\leqslant \times \times s$

射击精度：$R50 \leqslant \times \times cm$（固定架）

视场：$\times \times (°) \sim \times \times (°)$（10倍变焦）

识别距离：$\geqslant \times \times m$（能见度8km，晴朗天气，人体目标）

显示屏大小：

图像显示分辨率：≥800×600

工作电压：直流 $24V_{DC} \pm 10\%$

（3）环境适应性要求：

工作温度：$-20 \sim 50$℃；

存储温度：$-25 \sim 70$℃；

相对湿度：95%（$30 \sim 35$℃）；

条件下应无渗漏，在降雨强度为 10cm/h 的环境条件下应能正常工作。

（4）可靠性要求：

系统平均无故障工作时间：MTBF≥100h；

系统平均故障率：≤3‰。

（5）维修性要求：

系统平均修复时间：MTTR≤30min。

（6）安全性要求。为了保证系统、人身安全，设备应满足以下安全性要求。

① 设计安全的结构形式。

② 选择安全可靠的元器件和材料。

③ 绝缘电阻：常温条件下，电源线对机壳绝缘电阻大于 25MΩ（直流 500V，直流输入端对地）；相对湿度 95% ±2% 环境下，电源线对机壳绝缘电阻大于 2.5MΩ。

④ 绝缘介电强度：电源系统在自然环境下直流电气回路对地间能承受 DC500V 的电压，不出现击穿、飞弧等现象，漏电电流小于 10mA。

⑤ 可触及的对人、机有危害的部位应加防护罩并加明显标志。

⑥ 制定严格的操作程序，对可能影响设备安全和功能实现的程序及操作应加防范措施。

⑦ 产品应标注符合国标和国军标要求的安全标识。

7.1.2 遥控武器站论证方法

论证方法是保障论证研究工作顺利开展和保证论证质量的基本手段。论证方法一般有两种：一种是定量系统分析法；另一种是定量与定性相结合的量性系统分析法。定量系统分析法是进行论证研究的基本方法，但是采用这种方法的前提是必须要有充分的数据为基础，若数据不充分，则数学模型就无法建立。目前，在论证研究工作中多数还是采用定性与定量相结合的量性系统分析法，这种方法就是把具备定量分析条件的部分进行定量分析，把不具备定量分析条件的部分进行定性分析，然后再综合进行系统分析。

常用的论证方法主要有系统分析法、逻辑分析法、层次分析法、模糊评估法、作战模拟法、专家评估法、灰色系统评估法等。根据论证研究中不同课题或装备的特点,选择适当的论证方法。此外,为提高论证工作的科学性、完整性、系统性和最终提高整体论证水平,也可以提出新的论证方法。不论是对现有方法的运用,还是研究新方法的应用,都是为了将论证水平提高到新的层次,都需要不断地在实践中总结、提高和不断补充新的内容,使其更加完善,运用更加有效。

7.2　遥控武器站论证案例

下面以高射机枪车内遥控系统为例介绍武器站论证方法。

7.2.1　基本概况

1. 改造目标

改造装甲车辆外置机枪操作方式,研制一套装甲车辆高射机枪车内遥控系统(高射机枪车内操作装置),实现机枪的遥控操作。

2. 主要作战使命

改造后的机枪可作为相对独立的武器系统模块,安装于现有装甲车平台之上,使机枪操作人员在车内能完成对目标的观测、瞄准与射击,提高机枪火力机动性和操作方便性并有效减小操作人员战场伤亡概率。根据需要,改造过程中可预留通信接口,便于联网到统一的战斗管理系统上,实现信息共享。

3. 改造的重要意义

1)高射机枪主要作战用途

高射机枪具有射速高、作用距离远、威力大、可靠性好等优点,其地位和作用不能被忽略。在阵地进攻作战尤其是城市巷战中需要其摧毁轻装甲、简易工事和有生力量等目标;在登陆过程中,可发挥高射机枪射程远、精度高和火力猛的特性,杀伤暴露的集团目标、伞兵,毁伤低空飞机,压制和封锁敌火力点和碉堡孔、工事内的有生力量;在山地作战中,可以发挥高射机枪俯仰范围大的优势,弥补火炮仰角不够的缺点。另外,在核、生、化武器威胁条件下的作战中,高射机枪更适合消灭小而分散的软目标,适合消灭复杂地形或遮蔽物后方的目标,可以节省主炮的弹药,减轻补给压力。

2)装甲车顶置机枪遥控改造的意义

研制以改造高射机枪操作方式为主体的装甲车辆高射机枪车内遥控系统,具有显著的军事价值和经济价值,具体分析如下。

（1）装备不断升级改造是装备发展的重要途径。我军现有的装甲车外置武器在使用时，操作手必须探出半个身体，站在座位上，背靠炮塔门，依托旋转架的旋转控制高射机枪的方向，手动旋转枪架上的高射机枪的转轮控制高射机枪的俯仰。这种操作控制方式虽然比较简单，但其火力机动性较差，射击精度较低，对操作手的要求较高，培训周期较长，更致命的是操作手需要暴露在装甲车辆外面才能进行操作，丧失了装甲车辆自身高防护性的优势，非常容易造成战斗减员。另外，现代目标机动性越来越好，手动操作的车载自动武器已经难以应付。因此，有必要对其操作控制方式进行改造。

（2）改造操作方式后将机枪作为独立的部分置于车外，操作系统完全置于车内，有利于提高车辆的"三防"性能。

随着弹道导弹和核、生、化武器扩散趋势的日益严重，未来战争很可能是核生化武器威胁条件下进行的。为此，要求各种坦克武器发射平台应有密封、过滤、超压系统等"三防"设施，车辆开舱、长时间停留都很不安全，这时就需要从车内瞄准射击。

（3）改造高射机枪操作方式可以提高其火力机动性和火力突然性。在城市巷战中，面对包括狙击手在内的众多威胁，在炮塔外操作的高射机枪作用大为降低。另外，手工操作的瞄准机在对付现代空中威胁目标时速度太慢，火力机动性差导致作战效能低下。车内发射具有不易被发现、准备时间短和可以达到火力突然性的优点。

（4）改造高射机枪操作方式有助于更好解决坦克低空防御和山地作战问题。在城市巷战和山地作战中，需要武器的仰角较大。现有装备射界较小，对高处目标失去作用，只能由高射机枪完成压制任务。改造其操作方式后可大幅度提高其低空防御和山地作战能力。

（5）推广及效益预测。目前，我军装备的各型装甲车均装备有需出仓手动操作的顶置机枪。若遥控改造成功并推广后，可显著提高装甲车的火力机动性和火力突然性以及射击精度，充分发挥顶置机枪的大射界优势，有效改善操作手操作环境、提高操作手的战场生存力和持续作战能力；有助于解决装甲车辆的自卫式防空问题，显著提高顶置机枪操作的自动化、智能化和信息化水平；从而全面提高现装备装甲车的整体作战效能，因而该项目具有显著的军事价值和经济价值。

7.2.2 国内外武器站研制和装备情况

1. 国内现状

目前，国内已经装备装甲输送车、步兵战车、轮式步兵战车、轮式装甲人员输送车、装甲侦察车、轮式装甲人员输送车以及轮式装甲抢救车在内的装甲车（图7-1）。这些装甲车装备的武器绝大多数是××mm机枪，保留了××mm高射机枪枪塔，射手上方、前方无防护，呈立姿射击，且均为出舱人工操作。

图7-1　装甲输送车

2. 国外发展情况

国外，多数坦克及装甲车高射机枪由车长在车内遥控发射，现列举如下武器装备。

日本61式坦克的辅助武器是美制M2式12.7mm，由炮塔内遥控操纵，旋转与俯仰由指挥塔内的手柄控制，印度"阿琼"坦克的辅助武器12.7mm高射机枪，可以在炮塔内遥控射击。英国哈里德（Khalid）主战坦克高射机枪可由车长在车内遥控射击。法国AMX勒克莱尔主战坦克辅助武器有一挺12.7mm并列机枪，可由车长和炮长操纵射击。炮塔上还装有一挺7.62mm高射机枪，车长和炮长可在车内遥控射击。法国AXM-30坦克的高射机枪由车长操纵，可从车内遥控射击。美国M75履带式装甲人员输送车武器为遥控机枪。俄罗斯T-90、T-80Y、T-80UM2坦克安装一挺12.7mm高射机枪，车长可以在装甲防护下使用12.7mm高射机枪进行瞄准和遥控射击。乌克兰"克恩"-2.12辅助武器高射机枪由车长在车内遥控。意大利C1主战坦克高射机枪由车长在车内遥控射击。比利时AIFV-B-12.7mm步兵战车装有一挺12.7mm机枪，可关窗遥控操作或开窗手工操作。美军M1系列装备近8000辆，均装有12.7mm高射机枪，由车长在车内遥控。美国M75履带式装甲人员输送车武器为遥控机枪。

随着装甲装备外置自动武器的发展，美国等西方国家已经研制并装备了多种遥控武器站。目前,有美国、英国、挪威、以色列、德国、韩国、土耳其、瑞典、新加坡等超过 20 个国家在研制或装备各种系列的遥控武器站,并有部分已投入实战应用。

最具代表性的遥控武器站是美国的 XM101(图 7 - 2),该遥控武器站采用双轴稳定结构,其架座可适应多种武器的精确射击使用;可监视 5km 范围内的区域,识别 2000m 内的目标;瞄准具和武器可以分别运动,不但可使榴弹发射器获得最大仰角,也能使瞄准具在武器待机的状况下进行监视;操作控制终端包括操纵杆和控制按钮,一旦操作员捕获目标并用激光测距仪对目标进行测距,火控系统可自动把武器调整到正确的射角;配备大容量弹箱,火力持续性强。

(a)   (b)

图 7 - 2   配置 Mk19 式 40mm 自动榴弹发射器的美国 XM101 遥控武器站

该武器站不仅大量装备于"悍马"战车及其改型车上,也可以用于其他平台。在经过多次实战检验后,美国 XM101 通用遥控武器站又经过了不断的改进,如对稳定技术、传感器精度的改进,同时也推出了更能适应轻小型车辆的MINI 型的 5.56mm 或 7.62mm 机枪遥控武器站。

国外装备数量最大、装备国家最多的武器站是挪威的"保护者"系列遥控武器站(图 7 - 3)。其早期的标准装备是美国 Mk19 式 40mm 榴弹发射器,适用于压制敌方火力,但无法进行精确射击。为了更好地适应在伊拉克和其他地区执行作战任务,对系统进行了不断改进,如增加了激光测距机、升级了火控系统,使系统具备目标锁定功能;安装了武器稳定系统,使武器具备行进间作战能力;改装了新型大容量供弹具并增加了射弹计数器;增加了新型武器架,用以安装更多类型的武器;升级了作战软件系统等。"保护者"系列已装备于十多个国家,广泛应用于各种装甲车辆,并且开发出船只使用的"海上防御者"。

(a)   (b)

图 7 - 3　挪威"保护者"系列遥控武器站

目前,装备和应用比较成功的遥控武器站还包括以色列的 RCWS - 30、Katlanit 等遥控武器站等,其典型的遥控武器站 RCWS - 30 可配置的武器包括 30mm 火炮、机枪、导弹、烟雾弹等多种组合的形式,以适应多种不同作战场合的使用。在结构上设计了可向下折叠的枪塔,从而降低了高度,便于空运和空降使用(图 7 -4)。

(a)   (b)

图 7 -4　安装在步兵战车上的 RCWS -30 遥控武器站

其他的产品包括德国"科布兹"(Kobuz)新型遥控武器站,英国"强制者"、"打击者"以及"SWARM"遥控武器站,比利时"箭"300 系列武器站、瑞典"狐猴"系列武器站等。各国的遥控武器站各有特色,如比利时"箭"300 系列武器站可以在 30m 的距离内无线遥控操作等。

7.2.3 总体改造指导思想

（1）采用遥控的操作方式,实现在车内完成目标搜索、跟踪、瞄准、射击等全套武器操作任务。

（2）不改变机枪原有的性能和基本结构,不影响现有武器编制。

（3）模块化设计,预留扩展接口,根据不同的需求,可增加或减少不同的功能模块,满足不同需求。

（4）尽量采用成熟技术和军用技术、元器件尽可能立足国内并降低制造成本。

7.2.4 系统功能和战术技术指标

1. 系统功能

（1）总体功能:具备在车内观察、瞄准和射击的功能;具备激光测距自动装表自动调枪、手柄操作电控调枪和应急射击三种使用工况;可安装于多种装甲车辆;具备昼夜作战能力;具备信息接口;具备一定的装甲防护能力。

（2）火力系统功能:可选装×× mm 高射机枪和×× mm 高射机枪,具备较强的火力持续性。

（3）火控系统功能:可配装两种观瞄系统满足不同使用需求;

具备激光测距功能,电击发功能,空地切换功能,对图像信息、反馈信息或操控信息的处理功能,弹道解算的功能,机枪方位显示功能,余弹计数功能,不同使用工况的切换功能,反方向快速调枪功能。

2. 主要战术技术指标

（1）武器全系统

① 系统战斗全重:≤×× kg;

② 系统平均无故障工作时间:×× h;

③ 方向调枪精度:<×× mil;

④ 高低调枪精度:<×× mil。

（2）火力系统:

① 机枪:可选装×× mm 高射机枪和×× mm 高射机枪。

② 弹箱容量:≥×× 发。

③ 电发射装置:

• 工作电压:直流(24±3)V;

• 工作电流:<7A ;

• 反应时间:×× s。

（3）火控系统。

① 伺服随动指标包括：高低射界、方向射界、方向调枪速度、高低调枪速度、高低、方向调枪加速度等。

② 观瞄系统指标包括：标准 PAL 制视频信号或 VGA 信号；工作电压和工作电流。

- 冲击、振动、湿热、淋雨、盐雾满足整车的使用要求；
- 冲击 $30g$，$11\mathrm{ms}$；$60g$，$6\mathrm{ms}$；$(200 \pm 10)g$ 沿三个垂直的轴（其中一个轴为光轴方向）正负方向各冲击两次（共 12 次）；
- 振动：$5 \sim 500\mathrm{Hz}$ 正弦信号，$15\mathrm{min}$ 两次；
- 光轴走动量：$\leqslant 0.3\mathrm{mil}$。

③ 白光观瞄 + 激光测距：

- 外形尺寸：长 × 宽 × 高；
- 质量：$\leqslant \mathrm{kg}$；
- 低照度黑白 CCD 要求最低照度、像素、人体夜视距离、车辆夜视距离（目标尺寸 $2.3\mathrm{m} \times 4.6\mathrm{m}$）。

④ 观察镜要求发现距离和视场。

⑤ 瞄准镜要求视场和识别距离（目标尺寸：$2.3\mathrm{m} \times 4.6\mathrm{m}$）。

⑥ 激光测距机要求测距距离、测距精度、光束发散角、激光发射频率等。

⑦ 白光观瞄 + 红外成像 + 激光测距：

- 外形尺寸：长 × 宽 × 高 $\leqslant 250\mathrm{mm} \times 150\mathrm{mm} \times 200\mathrm{mm}$；
- 质量：$\leqslant 5\mathrm{Kg}$。

⑧ 观察镜：

- 发现距离：$\geqslant 1500\mathrm{m}$；
- 视场：$22° \times 18°$。

⑨瞄准镜：

- 视场：$6° \times 5°$；
- 识别距离（白天）：$1500\mathrm{m}$（目标尺寸 $2.3\mathrm{m} \times 4.6\mathrm{m}$）。

⑩激光测距：

- 测距距离：$\geqslant 1500\mathrm{m}$；
- 测距精度：$\pm 5\mathrm{m}$；
- 光束发散角：$\leqslant 1\mathrm{mrad}$；
- 激光发射频率：$\geqslant 6$ 次/min；
- 激光器寿命：10 万次。

⑪红外热像仪：

- 视场：≥5°；
- 空间分辨率：0.5mrad；
- 等效背景温差：0.1℃；
- 帧频：≥25Hz；
- 识别距离：（对于运动目标）；
- 人体：600m；
- 车辆：900～1200m（目标尺寸2.3m×4.6m）。

⑫反馈系统：

- 高低编码器：精度13位；
- 方向编码器：精度13位。

⑬火控计算机：

- 计算机类型：嵌入式X86计算机；
- 主频：≥300MHz；
- 内存：≥128MB；
- 接口：VGA/AV接口，双串口，A/D转换接口，数字I/O接口，标准键盘、鼠标接口，USB总线接口；
- 工作电压：直流5V。

⑭操控终端：

- 显示屏大小：≥10.4英寸；
- 图像显示分辨率：≥800×600；
- 控制面板尺寸：长×宽×高 ≤500mm×400mm×250mm。

⑮电源系统：

- 18～32V直流电源；
- 电源适配器（DC－DC）；
- 输出：直流5V、12V、24V。

7.3 遥控武器站性能评估

遥控武器站性能分析与评估时，难以获取实物样机动态参数，缺乏遥控武器站性能分析与评估指标体系和科学的分析与评估方法。国内在遥控武器站论证、研制和监造过程中，需要对武器系统性能进行分析评估时，基本都是以原有定型武器系统的军用标准为依据，并没有专门针对遥控武器站的评估体系。随着虚拟样机先进仿真技术越来越多地应用到复杂机械系统研制开发中，通过虚拟样机测试得到的数据越来越被技术人员所借鉴和采用,本书介绍一种遥控武器站虚实结合的性能综合评估指标体系。

该评估方法应用虚拟样机、协同仿真、模糊综合评估和数据库等理论和技术,通过对遥控武器站性能指标进行分析,梳理出了需要虚拟样机仿真测试得到指标评估数据的性能评估指标,构建了遥控武器站的虚实结合的性能综合评估指标体系;选择合理的权重确定方法和综合评估方法,与指标体系共同构建为性能评估模型;建立遥控武器站的性能评估软件系统;通过实例分析验证了软件系统评估结果的准确性,为遥控武器站性能的改进提出合理意见,为各类遥控武器站技术指标论证、方案评估、性能预测、鉴定试验等提供参考和决策依据。

7.3.1 遥控武器站性能评估指标体系构建

首先通过对顶置机枪武器站性能指标进行分析,梳理出需要虚拟样机仿真测试得到指标评估数据的性能评估指标;然后构建顶置机枪武器站的虚实结合的性能综合评估指标体系。

1. 指标体系构建方法与程序

针对顶置武器站的特点,在构建指标体系时,采用频度分析法,筛选出使用频率较高的指标并进行排序,同时结合顶置武器站研制的背景特征、主要问题以及系统性能等,进行分析、比较、综合选择针对性强的指标。在此基础上,进一步征询有关专家意见,对指标进行调整,最终得到顶置机枪武器站性能指标体系。其中专家咨询法是通过设计专家咨询表,向相关领域的论证、科研、设计和使用部门的专家进行咨询。

所要构建的顶置机枪武器站性能指标体系,属于分析评估型指标体系。它具有全面性、客观性、不重叠(或交叉、或冗余)、可操作性、科学性、合理性、适用性和与政策法规的一致性等特点。针对顶置机枪武器站性能评估中遇到的评估的有效性和简便性矛盾、指标的系统性和可获取性相矛盾、指标的精确性与可信度等问题,利用虚拟样机能一定程度上解决这些问题。

指标体系的构建程序主要分为以下几步。

(1)系统分析。顶置武器站从结构布局上分为顶置和车内两大部分,其间通过电路旋转连接器实现电器连接。顶置部分包括火力系统和观瞄子系统、伺服控制子系统,通过连接座与车顶连接;车内部分包括供配电分系统、火控计算机和显控终端,可安装在车内适当位置。

(2)特征属性分析。通过对顶置机枪武器站特征属性分析,提取定量的和动态的性能指标,并结合虚拟样机技术确定哪些指标数据需要和能够通过虚拟样机仿真测得。

（3）指标体系结构分析。针对顶置机枪武器站的特点,本项目采用层次型指标体系结构形式,根据评估指标体系的目的需要,通过分析系统的功能层次、结构层次、逻辑层次建立相应的评估指标体系。

（4）初步的评估指标体系。

（5）专家咨询。

形成初步的评估指标体系后,需要广泛征求专家、有关专业人员的意见和建议,形成较完善的武器站性能指标体系。其中,需要咨询专家的有指标的权重和指标的重要程度等信息。权重是要素对目标贡献程度的度量。通过权重分析,可以得到各个指标在遥控武器站性能评估中的地位和影响程度。指标的重要程度则用于指标体系的检验,为指标体系的优化提供基础。

2. 遥控武器站虚实结合性能评估指标体系

通过对顶置机枪武器站结构、功能和性能的分析,提出虚实结合的基于试验测试指标集和仿真测试指标集的顶置机枪武器站综合指标体系的构建思想。本项目建立了一套综合指标体系:基于实物测试的指标集和基于虚拟样机的指标集。采用虚实结合的评估方法,综合考虑两种方式得到的指标,对顶置机枪武器站性能进行综合评估。

基于实物样机试验测试的指标集是在参考相关文献和专家调查、归纳总结课题组之前的工作的基础上,形成以总体层、系统层、状态层和变量层为框架的遥控武器站综合性能评估指标体系。

基于虚拟样机的性能指标的提出即要依据基于机枪武器站的主要性能和实验测试的性能指标又要考虑目前虚拟样机技术水平,通过理论分析、专家咨询和频度分析的方法,最终构建基于虚拟样机的性能指标集,如表7-1所列。

表7-1 基于虚拟样机的评估指标体集

基于虚拟样机的指标集 U_3	火力系统 U_{31}	托架刚强度 U_{311}
		摇架刚强度 U_{312}
		射速 U_{313}
		频率匹配性 U_{314}
		疲劳寿命 U_{315}
		射击密集度 U_{316}
		动态射击稳定性 U_{317}
	火控系统 U_{32}	稳定精度 U_{321}
		调枪速度 U_{322}
		调枪精度 U_{324}

7.3.2 基于虚拟样机的遥控武器站性能分析

遥控武器站主要由火力系统和火控系统组成。利用构建的虚拟样机重点分析遥控武器站火力系统的托架和摇架刚强度、频率匹配性、疲劳寿命、射速、射击密集度和动态射击稳定性等性能指标，并对火控系统的稳定精度、调枪速度和调枪精度进行仿真分析。通过仿真分析，得到相应指标评估数据，为遥控武器站的综合评估提供数据基础。

由于遥控武器站系统复杂，其性能指标较多，通过遥控武器站虚拟样机对建立的遥控武器站的火力系统和火控系统相关性能指标进行仿真试验，利用相关理论对仿真数据进行数学分析，对应系统指标要求对仿真测试得到的相应指标进行单指标分析评估，为系统性能综合评估提供数据来源。

在建立遥控武器站虚拟样机的基础上，对所建虚拟样机的应用进行研究。利用虚拟样机分别对基于虚拟样机的遥控武器站性能指标进行仿真分析，并以系统指标要求为前提，给出指标的评估准则，完成单指标的仿真与评估。

1. 火力系统性能分析

遥控武器站火力系统性能主要包括：托架和摇架刚强度、频率匹配性、疲劳寿命、射速、射击密集度和动态射击稳定性等。下面利用已建虚拟样机分别对各性能进行分析。

1）托架和摇架刚强度分析

武器站托架和摇架的支撑刚度，对武器站的炮口位移具有十分重要的作用，特别是当系统振型与发射频率并无共振现象发生时，可以说支撑结构的静刚度对武器的射弹散布有十分重要的意义。

强度和刚度要求是指在规定载荷作用下，构件应该具有足够抵抗破坏和变形的能力。

利用有限元方法分析了 0°射角、-5°射角和 60°射角三种典型工况时，武器站托架和摇架的应力和应变。架座主要部件采用 35 钢，其屈服强度为 350～400MPa，工程上一般安全系数取 1.2～2.2，查《武器站设计手册》取安全系数为 2。所以架座的许用应力为 175～200MPa。

在 Workbench Mechanical 有限元分析中给出应力和应变，应力和应变有 6 个分量（x、y、z、x_y、y_z、x_z），由于应力为一个分量，因此单从应力分量上很难判断出系统的响应，在 Mechanical 中可以利用安全系数对系统响应做出判断，它主要取决于所采用的强度理论。在武器设计中，对关重件的强度设计一般采用第三强度理论，在 Mechanical 中最大剪切应力（Max Shear Stress）为第三强度理论。

托架和摇架强度评估如表 7 - 2 所列。

表 7 - 2　托架和摇架强度评估表

结构名称	许用应力/MPa	工作应力/MPa	安全系数	仿真安全系数	最大变形/mm	许用变形/mm	强度评估	刚度评估
托架	175～200	177.41	2	局部不小于 1.374 大部分不小于 5	0.24	1.53	基本满足	满足
摇架	175～200	68.051		整体不小于 3.498	0.03		满足	满足

从仿真结果可以看出,托架在三个工况下的安全系数虽然小于 2,但是大部分结构安全系数不小于 5,最大等效应力 177.41MPa,基本满足强度要求,只是存在应力集中现象。最大等效应变为 0.00090413mm/mm。摇架的安全系数不小于 3.498,最大等效应力 68.051MPa,整体满足强度要求。最大等效应变为 0.00034596mm/mm,满足设计要求。

2)疲劳寿命分析

疲劳寿命是结构的一个重要性能指标。疲劳是在名义应力低于材料屈服强度,结构破坏前无明显塑性变形的情况下突然发生断裂的一种机械损伤过程。所以在结构满足刚强度指标要求的同时,有必要对结构的疲劳寿命进行分析和预估。

对于遥控武器站这一复杂的机构,利用虚拟样机技术,通过将多体动力学和有限元分析结合,获得机构工作状态连续应力数据,用仿真的方法代替样机试验,在设计初期进行寿命评估。

通过动力学仿真分析,可以得到托架柔性体在工作载荷下的连续应力数据,前提是在柔性体文件生成时要设置为包含应力或应变数据或者应力和应变数据两者都要包含。在 ADAMS 后处理中可以查看托架在射击载荷下的应力曲线,单发射击载荷托架和应力曲线如图 7 - 5 所示。

依据机枪设计说明书,其身管寿命为 3000 发,即 3000 个射击循环。目前,遥控武器站为一个架座设计配备两挺机枪,一挺机枪设计配备两根身管,所以遥控武器站架座要具备的寿命为 12000 个射击循环。采用三种理论计算疲劳寿命,其中 Gerber 理论得到的疲劳寿命最小,为 41900 个射击循环,是遥控武器架座设计寿命的 3.49 倍,满足疲劳寿命的设计要求。

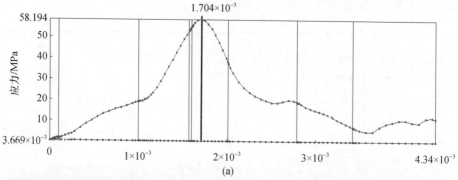

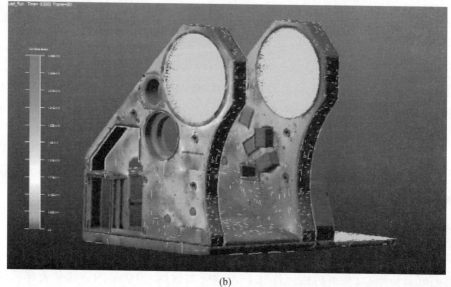

(b)

图7-5 单发射击载荷托架和应力曲线

3）频率匹配性分析

对于机枪系统,载荷多为冲击载荷,不易满足外力幅值与特征向量的正交条件,因此遥控武器站系统避免共振的条件是避免激励的频率与遥控武器站固有频率接近或相等。

机枪遥控武器站配备的 88 式 12.7mm 机枪理论射速为 540 ~ 600 发/min,射击频率为 9 ~ 10Hz,通过试验测试,在 2 号导气孔处的射击频率约为 9.34Hz。对身管、摇架和托架进行约束模态分析,取前五阶频率,如表7-3所列。从表7-3可以看出,托架和摇架的一阶固有频率比武器工作频率大很多,并且不成整数倍,所以避免了发生共振的条件。

表 7 - 3　身管、摇架和托架约束模态前五阶频率　　单位:KHz

名　称	一阶	二阶	三阶	四阶	五阶
身管	57.765	70.245	251.86	296.75	464.94
摇架	246.19	259.64	270.9	287.06	408.61
托架	44.303	62.042	81.42	116.32	150.93

　　在避免共振的前提下,使得机枪整体的低阶固有频率避开射击频率的整数倍频率,使其低阶固有频率接近为 0.5 倍数射频,对于具体结构来说枪架的固有频率应大于射击频率的 2 倍。

　　为了减小枪管振动对连发射击精度的影响,两发射弹之间的时间应大于一定数值,即第二发弹头飞离枪口端面时,因射击第一发弹引起的枪管振动应基本消失,枪管已恢复到接近静止状态。前一发射击引起的振动不致影响后一发射弹的散布。根据试验得知,要提高射击精度,武器的射击频率与枪管的振动频率的比值为

$$R_f = \frac{f}{n_c} > 3.5$$

式中:f 为枪管振动频率(Hz);n_c 为武器的射击频率(r/s)。

　　图 7 - 6 所示为射弹散布与 R_f 的关系图。通过以上分析,得出身管、托架和摇架的固有频率和射击频率匹配性较好,满足频率匹配性要求,具体结果如表 7 - 4 所列。

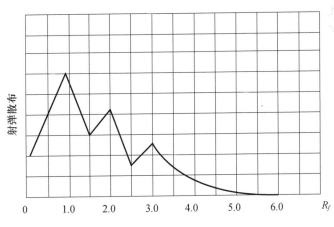

图 7 - 6　射击密集度与 R_f 的关系

表7-4 频率匹配性评估结果　　　　　　单位:KHz

名称	身管	托架	摇架	射击频率	托架/射击频率	摇架/射击频率	身管/射击频率
数值	57.765	44.303	246.19	9.34	5.84 > 2	26.36 > 2	6.18 > 3.5
频率匹配性					满足	满足	满足

　　遥控武器站包含了很多不同的零部件。不同零部件的模态特别是存在连接关系的结构,其模态一定要分开。如果有几个零部件的固有频率相近,而且存在相互连接,那么它们将存在彼此影响和发生共振的可能。所以在原理样机的研制过程中,利用模态匹配技术对遥控武器站进行结构模态匹配,使其具有合理的机构设计,从而提高其动态射击稳定性。由图7-7所示,身管和托架前两阶频率比较相近,但是身管和托架没有直接连接,身管和摇架在第三阶和第四阶频率比较相近。但是,能量相比前两阶要小得多,所以身管、摇架和托架振动相互影响不大,频率匹配较好。

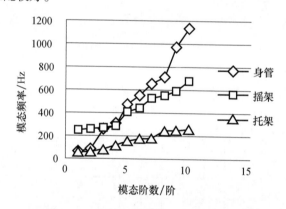

图7-7　身管、摇架和托架频率匹配图

　　4)射速分析

　　自动武器的射速是衡量其火力效能的主要标志之一,是指单位时间内武器发射弹头的数量。本项目所指的射速是机枪在2号导气孔时的理论射速。

　　分别对机枪的无托架、刚性托架和柔性托架三种工况进行1.2s的仿真,如表7-5所列。得到三种工况下的机枪枪机的击发时机和运动速度曲线,以完成10次射击循环的时间来计算每分钟的射弹发数,即射速。图7-8和图7-9分别为三种情况下传感器触发时机(击发时机)和自动机运动速度曲线。

138

表7-5 三种工况中约束和柔性体惯量设置

工 况	约 束	柔性体惯量
无托架	枪体与大地固定	——
刚性托架	正常约束	Rigid body
柔性托架	正常约束	Constant

表7-5中:"—"代表柔性体对动态特性无影响;Rigid body 指柔性体惯量近似采用刚体形式,但仍采用弹性体公式表达;Constant 指柔性惯量为常数值,弹性体变形不影响其惯量值。

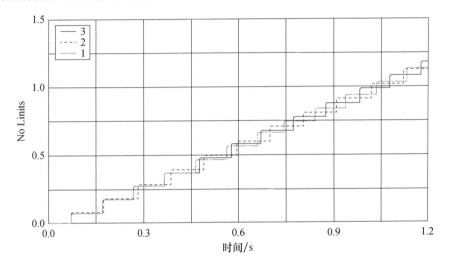

图7-8 三种情况下传感器触发时机

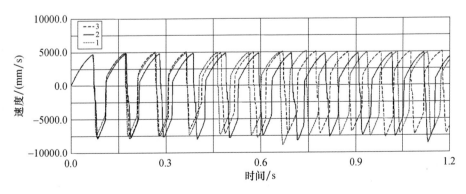

图7-9 三种工况下自动机运动速度曲线

（1）通过仿真数据计算得到无架座时射速为 595 发/min，刚性架座时射速为 588 发/min，柔性架座时射速为 566 发/min。12.7mm 机枪的设计理论射速为 540～600 发/min，满足理论射速要求。

（2）结构形式对自动机运动速度也有影响，有架座时的自动机最大速度比无架座时的要小些。由此可见，遥控武器站结构形式及架座刚强度特性对武器站射速有一定的影响。

5）动态射击稳定性分析

"动态射击稳定性"就是指射击过程中的稳定性随时间的变化，主要是针对连发自动武器而言。在动态射击稳定性理论中，射击稳定性定义为"射击时，保持武器射向一致的能力"。动态射击稳定性主要是考核枪口的振动线位移和角位移。

在不同方向上位移的均值 $\overline{D}_{\alpha,\beta}$ 和均方差 $\sigma_{\alpha,\beta}$ 反映了连发武器射击过程中枪口偏离平衡位置的程度和分布一致性。

均值 $\overline{D}_{\alpha,\beta}$ 和均方差 $\sigma_{\alpha,\beta}$ 可分别表示为

$$\overline{D}_{\alpha,\beta} = \frac{1}{n-1} \sum_{i=2}^{n} (D_{\alpha,\beta,i} - D_{\alpha,\beta,1})$$

$$\sigma_{\alpha,\beta} = \sqrt{\frac{1}{n-2} \sum_{i=2}^{n} (D_{\alpha,\beta,i} - D_y)^2}$$

利用虚拟样机模型，分别计算了两种虚拟样机的动态射击稳定性。1 型虚拟样机是指机枪安装在遥控武器站上，表 7-6 所列为 1 型虚拟样机 10 连发弹丸出枪口时刻枪口的高低和方位线位移和角位移。

表 7-6 1 型虚拟样机 10 连发弹丸出枪口时刻枪口的高低和方位线位移和角位移

连发弹丸数/发	高低线位移/mm	高低角位移/(°)	方位线位移/mm	方位角位移/(°)
1	0.2411	0.0023	0.0118	0.05215
2	-4.4551	-0.0314	1.7251	-0.1008
3	-0.6289	0.075	-0.9658	0.1029
4	-1.83	0.131	0.0536	-0.0266
5	0.1173	-0.01308	3.304	0.1939
6	-1.1085	-0.0799	0.6173	0.00332
7	-2.5639	0.0308	2.175	0.0325
8	2.8824	0.0823	0.4105	-0.172

（续）

连发弹丸数/发	高低线位移/mm	高低角位移/(°)	方位线位移/mm	方位角位移/(°)
9	−1.0855	0.0497	1.025	0.031
10	−4.2211	0.0365	2.143	−0.0764
$\overline{D}_{\alpha,\beta}$	−1.265	0.0283	1.05	−0.0039
$\sigma_{\alpha,\beta}$	2.068	0.0582	1.213	0.0995

　　2 型虚拟样机是指机枪安装在原枪架上,图 7 - 10 和图 7 - 11 所示为枪架的结构示意图和实物图,并以 2 型虚拟样机的仿真结果为标准进行评估。

图 7 - 10　12.7mm 机枪原枪架实物图

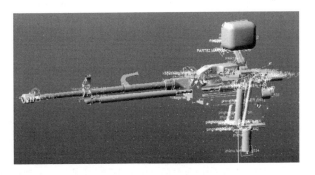

图 7 - 11　2 型虚拟样机示意图

　　由 2 型虚拟样机仿真得到 10 连发枪口高低线位移和角位移与方位线位移和角位移曲线和弹丸出枪口时刻的相应数值。表 7 - 7 所列为 2 型虚拟样机 10 连发弹丸出枪口瞬间枪口的高低和方位线位移和角位移。

表 7-7　2 型虚拟样机 10 连发弹丸出枪口瞬间枪口的
高低和方位线位移和角位移

连发弹丸数 /发	高低线位移 /mm	高低角位移 /(°)	方位线位移 /mm	方位角位移 /(°)
1	3.5984	-0.0184	0.0142	0.0043
2	-4.9796	0.3769	1.7322	-0.0529
3	9.7812	0.7439	-0.934	0.0556
4	9.8117	0.7385	1.4712	0.1984
5	7.9636	0.5733	1.8479	0.0576
6	7.2272	0.4688	2.4189	-0.0697
7	-7.6993	0.6491	-1.0778	0.1062
8	8.0672	0.7157	2.0841	0.1193
9	8.2614	0.636	2.0139	-0.1471
10	7.4564	0.7068	1.7167	-0.0986
$\overline{D}^{*}_{\alpha,\beta}$	4.948	0.55906	1.128	0.01731
$\sigma^{*}_{\alpha,\beta}$	5.9	0.224	1.23	0.1036

由表 7-6 和表 7-7 可得，$\overline{D}_{\alpha,\beta} \leqslant \overline{D}^{*}_{\alpha,\beta}$，$\sigma_{\alpha,\beta} \leqslant \sigma^{*}_{\alpha,\beta}$，1 型虚拟样机线位移和角位移的均值和均方差都小于 2 型虚拟样机。机枪遥控武器站动态射击稳定性优于机枪安装在原枪架上动态射击稳定性。

6）射击密集度分析

射击密集度指标是地面武器系统的重要指标之一，影响遥控武器站射击密集度的因素最终都体现在弹丸出枪口瞬间的运动状态上，即枪口高低向和方位向的角位移和线速度。

遥控武器站射击密集度指标要求是 100m 距离 0°射角立靶密集度。基于遥控武器站虚拟样机，仿真得到 0°射角 10 连发枪口高低（Y 轴方向）和水平（Z 轴方向）向线速度和角位移曲线，如图 7-12~7-15 所示。每次射击后，弹丸经过 0.00102s 飞离枪口，由仿真曲线可以得到弹丸出枪口时枪口的高低和方位线速度和角位移数值，如表 7-8 所列。

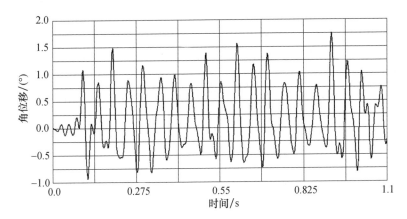

图 7 - 12 枪口绕 Z 轴(高低向)的角位移

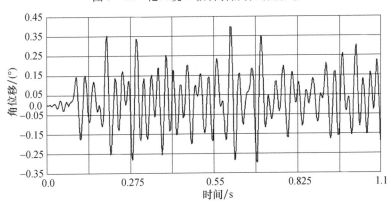

图 7 - 13 枪口绕 Y 轴(水平向)的角位移

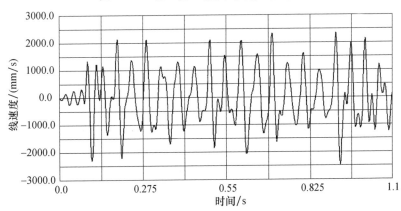

图 7 - 14 枪口 Y 轴方向(高低向)线速度

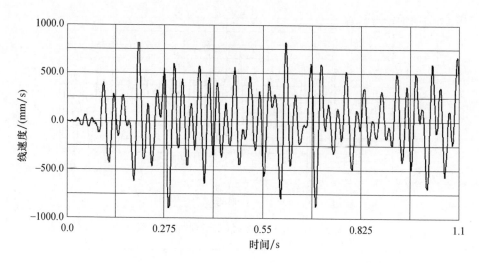

图 7 - 15　枪口 Z 轴方向(水平向)线速度

表 7 - 8　10 连发弹丸出枪口瞬间枪口的高低和方位线速度和角位移

连发弹丸数 /发	时刻 /s	高低线速度 /(mm/s)	绕 Z 轴角 位移/(°)	方位线速度 /(mm/s)	绕 Y 轴角 位移/(°)
1	0.07352	313.776	0.05215	10.355	0.0023
2	0.16692	-136.5242	-0.1008	-25.2444	-0.0314
3	0.26492	-896.1768	0.1029	-6.5287	0.075
4	0.36222	-871.5907	-0.0266	-89.8175	0.131
5	0.47662	-135.6852	0.1939	-379.3268	-0.01308
6	0.56502	-262.8548	0.00332	163.5094	-0.0799
7	0.68102	447.9412	0.0325	243.79	0.0308
8	0.79052	215.6447	-0.172	95.0956	0.0823
9	0.88012	-764.1995	0.031	94.0395	0.0497
10	0.99602	-337.6471	-0.0764	282.6998	0.0365

　　由 2.5.1 节可知,在 X 处,射角为 0°时,顶置机枪遥控武器站的立靶密集度模型可以简化如下。

　　对于高低散布,有:

$$\Delta y = \left(\theta_z + \arctan \frac{v_y}{v_0} \right) X \qquad (7-1)$$

对于水平散布,有:

$$\Delta z = \left(-\theta_y + \arctan \frac{v_z}{v_0} \right) X \qquad (7-2)$$

已知弹丸初速为 $v_0 = 800 \text{m/s}$,射角为 $0°$,射距为 $X = 100 \text{m}$,计算得到弹着点的位置偏差,如表 $7-9$ 所列。

表 $7-9$ 10 连发弹丸散布坐标 （单位:mm）

弹丸散布/发	1	2	3	4	5
Δy	129.84	-177.45	67.62	-154.9	320.48
Δz	-2.75	51.49	-131.31	-239.13	-24.65
弹丸散布/发	6	7	8	9	10
Δy	23.79	112.37	-272.4	-41.29	-175.01
Δz	159.40	-23.2	-142.99	-74.75	-28.28

依次将目标诸元值 $(\Delta y_1, \Delta z_1), (\Delta y_1, \Delta z_2), \cdots, (\Delta y_n, \Delta z_n)$ 代入

$$\begin{cases} \sigma_z = \sqrt{\dfrac{1}{n-1} \sum_{i=1}^{n} (\Delta z_i - \Delta \bar{z})^2} \\ \sigma_y = \sqrt{\dfrac{1}{n-1} \sum_{i=1}^{n} (\Delta y_i - \Delta \bar{y})^2} \end{cases}$$

再利用散布诸元计算公式,可得 n 发弹丸的半数散布圆半径为

$$R_{50} = \begin{cases} 0.6165\sigma_y + 0.5609\sigma_z, \sigma_z > \sigma_y \\ 0.6165\sigma_z + 0.5609\sigma_y, \sigma_z < \sigma_y \\ 1.1774\sigma, \sigma_z = \sigma_y = \sigma \end{cases} \qquad (7-3)$$

计算得到遥控武器站 10 连发射击密集度 $R_{50} = 17.2 \text{cm}$。

评估结果:遥控武器站 10 连发射击密集度 $R_{50} = 17.2 \text{cm}$ 小于设计要求 28cm,因而满足设计要求。

2. 火控系统性能分析

ADAMS 提供了两种对机电一体化系统进行协同仿真分析的方法:一种是利用 ADAMS/View 中的控制工具箱,可以实现一些简单的控制仿真;另一种是对一些复杂的控制,可以利用 ADAMS/Controls 模块同外部的控制设计仿真软件联合进行仿真分析,这里采用 MATLAB 软件与 ADAMS 进行联合仿真。

在联合仿真模型的基础上,设置仿真参数进行仿真。本节根据模型实际情况选择仿真模式为 Fixed-step,为保证求解精度,求解算法选择 Ode4（Runge-Kutta）,设置仿真步长为 0.0001s,根据不同的需要设置仿真时间联合仿真。

图 7 – 16 所示为协同仿真模型示意图。

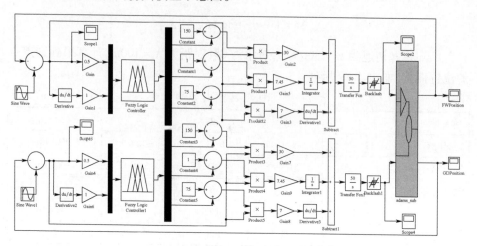

图 7 – 16　协同仿真模型示意图

1）稳定精度

稳定精度主要是指系统的静态性能，是表征系统以固定速度跟踪目标的能力。工程上常用斜波信号（等速信号）响应来评估。

图 7 – 17 和图 7 – 18 所示为系统斜波响应误差曲线，由图可以看出，系统能够很好的跟踪系统斜波信号，稳定精度小于 0.01°（约 0.17mil），小于系统指标要求 0.3mil，所以稳定精度满足指标要求。

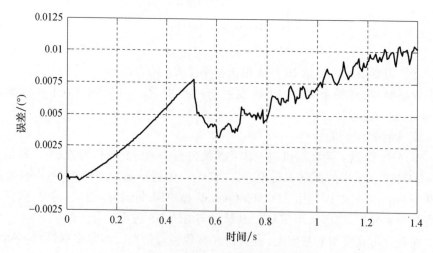

图 7 – 17　高低向斜波响应误差曲线

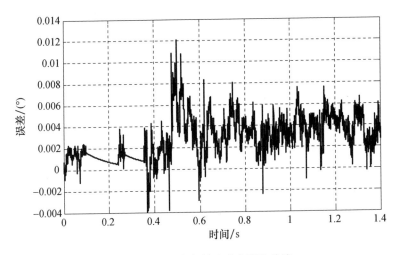

图 7 – 18　方位向斜波响应误差曲线

2）调枪速度

阶跃信号主要是考察系统的调节时间和超调量等指标,可以很好地反映系统的动态性能和稳定精度。调枪速度主要是通过系统阶跃响应分析得到。

在方位向和高低向分别输入 60°信号,得到如图 7 – 19 和图 7 – 20 所示的系统方位向和高低向阶跃响应曲线。从仿真结果可得,系统响应时间为 0.2s,可以推算系统调枪速度为 60/0.2 = 300°/s 大于 45°/s,因而满足系统指标要求。在上升过程中,曲线没有出现振荡和超调,说明系统在跟随过程较平稳。从上面阶跃响应可以得到调枪速度为 300°/s,调转 360°角度时间为 1.2s,小于系统指标要求 1.5s,满足系统指标要求。

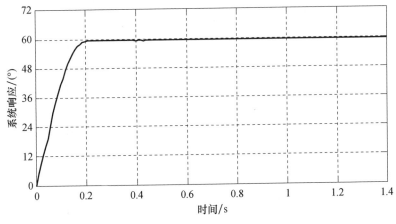

图 7 – 19　方位向阶跃响应曲线

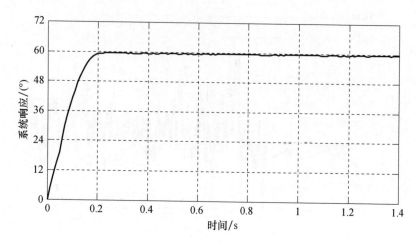

图 7 - 20　高低向阶跃响应曲线

3）调枪精度

系统在伺服控制下跟随阶跃信号响应误差即为调枪精度,阶跃跟随误差曲线如图 7 - 21 所示。

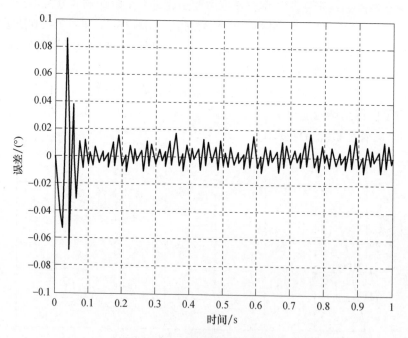

图 7 - 21　阶跃跟随误差曲线

从图 7 – 21 可以看出,当遥控武器站跟随阶跃信号误差最大为 0.1°(约 1.67mil),小于系统指标要求 2mil,能够满足系统要求。

4)仿真结果验证

通过虚拟样机仿真得到了以上性能指标参数,其中射速、射击密集度、稳定精度、调枪速度和调枪精度等五个指标数值即可通过虚拟样机仿真得到也可通过实物测试得到(表 7 – 10),所以通过对这五个指标的仿真结果进行验证,可以在一定程度上验证虚拟样机的可信性和仿真结果的可靠性。

表 7 – 10 仿真结果验证

指标名称	仿真数值	实测数值	指标要求
射速/(发/mis)	566	554	540 ~ 600
射击密集度/cm	17.2	16.9	≤28
稳定精度/mil	0.17	0.20	≤0.3
调枪速度((°)/s)	300	280	≥45
调枪精度/mil	1.67	0.2	≤2

从表 7 – 10 可知,对部分指标的基于虚拟样机仿真得到的结果与实物测试得到的结果对比可知虚拟样机输出的结果可信,能够为武器站的性能综合评估提供可靠数据。

7.3.3 遥控武器站性能评估模型的建立

遥控武器站利用虚拟样机仿真得到托架和摇架刚强度、频率匹配性、疲劳寿命、动态射击稳定性、射速、射击密集度、稳定精度、调枪速度和调枪精度等指标参数,利用实物样机实测得到射速、射击密集度、稳定精度、调枪速度和调枪精度及其他指标参数;通过对武器站进行综合评估并与国外武器站进行对比,发现其优点和存在的不足,为国内武器站的方案优化和性能提高提供决策依据。

构建遥控武器站性能评估模型时要以遥控武器站性能评估指标体系为基础。本节介绍一种遥控武器站性能评估模型,该评估模型采用模糊综合评估法构造隶属矩阵,利用灰色关联度计算的方法确定指标权重,结合灰色模糊综合评估法,可对遥控武器站性能进行量化评估研究,具有较好的合理性和实用性。遥控武器站性能评估模型结构如图 7 – 22 所示。

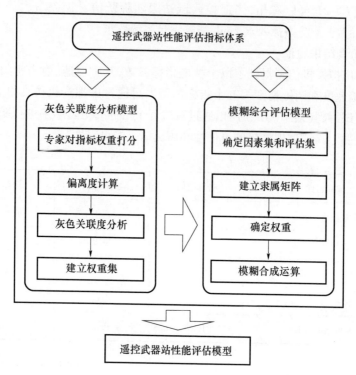

图 7 - 22　遥控武器站性能评估模型结构示意图

1. 基于灰色关联度分析的权重集构建

遥控武器站是一种复杂的武器系统,性能评估涉及的影响因素数量大、层次多,指标体系内部包含了大量的定性信息,其评估系统从表面上看十分复杂,不易挖掘到潜藏在内部的规律。另外,国内遥控武器站还属于在研武器系统,刚刚进入型号研制阶段,与成熟的、服役时间久的武器系统相比较,部分指标数据无法得到,数据量的匮乏是遥控武器站评估工作面临最严重的问题。

基于遥控武器站性能评估指标特点的分析,选用灰色理论处理遥控武器站的指标权重问题。灰色系统理论是一种以贫信息、小样本、不确定性系统为研究对象,通过对"部分"已知信息的生成、开发,实现对事物及行动规律的确切描述和认识的研究方法。在灰色系统中,完全清楚的信息用"白"表示,完全不知道的信息用"黑"表示,部分明确、部分不明确的信息用"灰"表示。在不同场合,"灰"概念的引申也不同,如表 7 - 11 所列。

表 7 - 11 不同场合灰概念的引申

不同角度	白	黑	灰
从表象看	明	暗	若明若暗
从过程看	旧	新	新旧交替
从性质看	纯	混沌	多种成分
从信息看	完全	未知	部分完全
从结果看	唯一的解	无解	非唯一性

关联度分析方法是灰色理论中应用最广泛的方法。灰色关联度分析利用了几何处理的思维方式,其基本思想是根据序列曲线几何形状的相似程度来描述联系的紧密程度,几何曲线相似程度越高,相应序列之间的关联度就越大。作为指标间关联性计量的测度,指标的关联度越大,表示该指标与整体性能水平的关系越大,影响力越大。因此,关联度与权重在基本意义上是相同的。

遥控武器站性能指标较多,表征数据复杂,但是指标间潜藏着内在规律,内部存在一定联系。权重的确定过程都可作为各自范围内变化的灰色过程来处理,将其时间进行细分之后,归结为一种平稳的、连续的、动态的随机过程。灰色关联度的最大特点是对数据量没有严格的要求,不管性能评估的数据量大或小都可进行分析。在不出现关联度的量化结果与定性分析不一致的情况下,当评估条件不满足统计要求或数据资料较少时,针对遥控武器站性能评估指标的权重计算更具有实用价值。

1) 偏离度的计算

权重大多是由专家根据经验赋值的,不同专家对同一个性能好坏的认识又存在很大的差异。所以,事物的权重集不是唯一确定的,这些不确定性会对评估结果的准确性造成影响。为了解决这一问题,运用计算偏离度的方法对调查结果进行筛选,通过计算各调查结果到正理想点的偏离程度,剔除偏离程度大的调查结果,降低评估者主观因素带来的随机性与不确定性,使结果更加逼近真实结果。

(1) 组织专家对影响因素的权重打分。以调查问卷的形式组织 10 位专家对因素层的 7 个指标权重评定。为了降低给专家带来的难度,规定权重数值精度为 0.05,具体评估结果经过整理得到矩阵 $W = (W_{hi})_{10 \times 7}$,其中 W_{hi} 是第 h 位专家对第 i 个指标评估得出的权重评定值。

151

$$W = (W_{hi})_{10 \times 7} = \begin{bmatrix} 0.05 & 0.05 & 0.20 & 0.20 & 0.30 & 0.10 & 0.10 \\ 0.10 & 0.05 & 0.10 & 0.15 & 0.20 & 0.20 & 0.20 \\ 0.10 & 0.10 & 0.10 & 0.20 & 0.30 & 0.10 & 0.10 \\ 0.10 & 0.10 & 0.10 & 0.30 & 0.25 & 0.05 & 0.10 \\ 0.05 & 0.10 & 0.10 & 0.30 & 0.30 & 0.05 & 0.10 \\ 0.05 & 0.10 & 0.10 & 0.20 & 0.20 & 0.20 & 0.15 \\ 0.05 & 0.10 & 0.15 & 0.25 & 0.20 & 0.10 & 0.15 \\ 0.10 & 0.15 & 0.05 & 0.35 & 0.10 & 0.10 & 0.15 \\ 0.10 & 0.05 & 0.10 & 0.20 & 0.35 & 0.05 & 0.15 \\ 0.05 & 0.05 & 0.10 & 0.30 & 0.30 & 0.10 & 0.10 \end{bmatrix}$$

（2）偏离度计算。偏离度的计算公式为

$$R_{hg} = 1 - \left(\frac{1}{m} \sum_{i=1}^{m} (W_{hi} - W_{gi})^2 \right)^{\frac{1}{2}} \tag{7-4}$$

式中：m 为指标的数量；n 为专家的数量；R_{hg} 为专家 h 与专家 g 对第 i 个指标评估得出的权重结果的相似度。

经过计算得到相似矩阵为

$$R = (R_{hg})_{10 \times 10} = \begin{bmatrix} 1 & 0.964 & 0.965 & 0.959 & 0.972 & 0.958 & 0.964 & 0.972 & 0.964 & 0.965 \\ 0.964 & 1 & 0.935 & 0.941 & 0.945 & 0.954 & 0.955 & 0.964 & 0.941 & 0.943 \\ 0.965 & 0.935 & 1 & 0.953 & 0.954 & 0.951 & 0.954 & 0.953 & 0.952 & 0.965 \\ 0.959 & 0.941 & 0.953 & 1 & 0.945 & 0.954 & 0.953 & 0.961 & 0.964 & 0.959 \\ 0.972 & 0.945 & 0.954 & 0.945 & 1 & 0.954 & 0.959 & 0.965 & 0.950 & 0.951 \\ 0.958 & 0.954 & 0.951 & 0.954 & 0.954 & 1 & 0.959 & 0.965 & 0.954 & 0.954 \\ 0.964 & 0.955 & 0.954 & 0.953 & 0.959 & 0.959 & 1 & 0.956 & 0.963 & 0.954 \\ 0.972 & 0.964 & 0.953 & 0.961 & 0.965 & 0.965 & 0.965 & 1 & 0.965 & 0.963 \\ 0.964 & 0.941 & 0.952 & 0.964 & 0.950 & 0.954 & 0.963 & 0.965 & 1 & 0.965 \\ 0.965 & 0.943 & 0.965 & 0.959 & 0.951 & 0.954 & 0.954 & 0.963 & 0.965 & 1 \end{bmatrix}$$

由偏离度 $P_h = \sum R_{hg}$，可得

$P = (p_1, p_2, \cdots, p_{10})^T$

$= (9.686, 8.589, 9.632, 9.656, 9.643, 9.652, 9.647, 9.541, 9.656, 9.642,)^T$

由偏离度系数 $D_h = \dfrac{p_{max} - p_h}{p_{max}} \times 100\%$，可得

$D = (D_1, D_2, \cdots, D_{10})$

$= (0, 0.95\%, 0.59\%, 0.79\%, 0.87\%, 0.51\%, 0.41\%, 1.09\%, 0.46\%, 0.59\%)$

152

设定偏离度限制 $D_0 = 0.9\%$，计算结果中专家 2 和专家 8 权重评估结果偏离度系数大于 D_0，其调查结果作废，由剩下的 8 名专家评估得出的权重值确定权重。

2）灰色关联度的计算

灰色关联度计算是为了计算权重，在此依然以火力系统性能 U_{21} 下属的指标作为研究对象，在筛选调查样本并剔除干扰结果后，对调查样本进行灰色关联度计算。

灰色关联度分析的一般步骤如下。

（1）确定母因素数列。设有 N 个数列，每个数据列采集 m 个数据：

$$\begin{cases} x_1(t) = (x_1(1), x_1(2), \cdots, x_1(m)) \\ x_2(t) = (x_2(1), x_2(2), \cdots, x_2(m)) \\ \vdots \\ x_n(t) = (x_n(1), x_n(2), \cdots, x_n(m)) \end{cases}$$

将原始数据分组后，首先应对其进行无量纲处理，由于灰色关联度分析的目标是权重，量纲相同均为 1，因此省略了无量纲处理过程。

求关联系数首先要制定参考的数据列，该数列称为母因素数列，记为 x_0。根据火力系统性能 U_{21} 下属的指标权重的调查结果，得到母因素数据列为

$x_0 = (x_0(1), x_0(2), \cdots, x_0(8)) = (0.30, 0.30, 0.30, 0.30, 0.20, 0.25, 0.35, 0.30)$

（2）计算各评估因素与母因素数列的序列差。规定好母因素数列后即可计算关联系数，从专家结果判断火力系统性能 U_{21} 中其他性能评估指标 U_{21i} 相对于母因素的重要度 x_i。各性能评估指标数据与母因素数据列的序列差为

$$\Delta_i(t) = |x_0(t) - x_i(t)|, \quad i = 1, 2, \cdots, 7; t = 1, 2, \cdots, 8 \qquad (7-5)$$

其中：最大差值为 $\max\limits_i \max\limits_t |x_0(t) - x_i(t)|$；最小差值为 $\min\limits_i \min\limits_t |x_0(t) - x_i(t)|$。

根据调查结果，计算火力系统性能 U_{21} 下属性能评估指标 U_{21i} 权重与母因素的序列差如表 7-12 所列。

表 7-12 其他指标与 x_0 的序列差

专家编号	1	3	4	5	6	7	9	10
武器类型	0.25	0.20	0.20	0.25	0.15	0.20	0.25	0.25
弹种	0.25	0.20	0.20	0.20	0.10	0.15	0.30	0.25
弹药基数	0.10	0.20	0.20	0.20	0.10	0.10	0.25	0.20
战斗射速	0.10	0.10	0.00	0.00	0.00	0.00	0.10	0.00
射击密集度	0.00	0.00	0.05	0.00	0.00	0.05	0.00	0.00

专家编号	1	3	4	5	6	7	9	10
供弹方式	0.20	0.20	0.25	0.25	0.15	0.15	0.30	0.20
有效射程	0.20	0.20	0.25	0.20	0.05	0.10	0.20	0.20

（3）灰色关联系数。灰色关联系数的计算公式为

$$\xi_{0i}(t) = \frac{\min\limits_{i}\min\limits_{t}|x_0(t)-x_i(t)| + \mu\max\limits_{i}\max\limits_{t}|x_0(t)-x_i(t)|}{|x_0(t)-x_i(t)| + \delta\max\limits_{i}\max\limits_{t}|x_0(t)-x_i(t)|} \qquad (7-6)$$

式中：t 为横坐标，表示各个筛选后的专家的编号；$x_0(t)$ 为母因素数列 $x_0(t) = (x_0(1),x_0(2),\cdots,x_0(n))$ 中的元素；$x_i(t)$ 为对比序列 $x_i(t) = (x_i(1),x_i(2),\cdots,x_i(n))$ 中的元素；μ 为分辨系数，在 $(0,1)$ 取值，一般为 0.5；$\max\limits_{i}\max\limits_{t}|x_0(t)-x_i(t)|$ 为两级最大差；$\min\limits_{i}\min\limits_{t}|x_0(t)-x_i(t)|$ 为两级最小差。

计算每条曲线的灰色关联度：

$$r_{0i} = \frac{1}{n}\sum_{i=1}^{n}\xi_{0i}(t), \quad (i=1,2,\cdots,n) \qquad (7-7)$$

将计算得到的关联度按照大小进行排列便得到了关联序。指标的关联序越大影响程度越大。计算火力系统性能 U_{21} 下属性能评估指标 U_{21i} 权重与母因素的灰色关联系数、灰色关联度，结果如表 7-13 所列。

表 7-13　其他影响因素与 x_0 的灰色关联系数和灰色关联度

专家编号	1	3	4	5	6	7	9	10	关联度
武器类型	0.195	0.225	0.225	0.195	0.270	0.225	0.195	0.195	0.205
弹种	0.195	0.225	0.225	0.225	0.333	0.270	0.176	0.195	0.221
弹药基数	0.333	0.225	0.225	0.225	0.333	0.333	0.195	0.225	0.298
战斗射速	0.333	0.333	1.000	1.000	1.000	1.000	0.333	1.000	0.821
射击密集度	1.000	1.000	0.500	1.000	1.000	0.500	1.000	1.000	0.876
供弹方式	0.225	0.225	0.195	0.195	0.270	0.270	0.176	0.225	0.208
有效射程	0.225	0.225	0.225	0.225	0.500	0.333	0.225	0.225	0.315

将关联度归一化后得到火力系统性能 U_{21} 的权重矩阵为

$$\boldsymbol{A}_{21k_8} = (A_{211},A_{212},\cdots,A_{217}) = (0.06,0.07,0.11,0.28,0.30,0.06,0.12)$$

3）权重集的建立

通过上面火力系统性能 U_{21} 的灰色关联度计算并归一化处理后，分别得到了指标体系中其他指标的权重矩阵如下：

基本性能指标 U_{11} 的权重矩阵：$A_{11k_1} = (A_{111}, A_{112}, \cdots, A_{1113})$

可靠性指标 U_{12} 的权重矩阵：$A_{12k_2} = (A_{121}, A_{122}, A_{123}, A_{124})$

维修性指标 U_{13} 的权重矩阵：$A_{13k_3} = (A_{131}, A_{132}, A_{133})$

通用性指标 U_{14} 的权重矩阵：$A_{14k_4} = (A_{141}, A_{142}, A_{143})$

电磁兼容性指标 U_{15} 的权重矩阵：$A_{15k_5} = (A_{151}, A_{152})$

环境适应性指标 U_{16} 的权重矩阵：$A_{16k_6} = (A_{161}, A_{162}, A_{163})$

防护性指标 U_{17} 的权重矩阵：$A_{17k_7} = (A_{171}, A_{172}, A_{173})$

火力系统性能指标 U_{21} 的权重矩阵：$A_{21k_8} = (A_{211}, A_{212}, \cdots, A_{217})$

观瞄系统性能指标 U_{22} 的权重矩阵：$A_{22k_9} = (A_{221}, A_{222}, \cdots, A_{2211})$

火控系统性能指标 U_{23} 的权重矩阵：$A_{23k_{10}} = (A_{231}, A_{232}, \cdots, A_{2319})$

操控终端性能指标 U_{24} 的权重矩阵：$A_{24k_{11}} = (A_{241}, A_{242}, A_{243}, A_{244}, A_{245}, A_{246})$

电源系统性能指标 U_{25} 的权重矩阵：$A_{25k_{12}} = (A_{251}, A_{252}, A_{253})$

基于虚拟样机的火力系统 U_{31} 的权重矩阵：$A_{31k_{13}} = (A_{311}, A_{312}, \cdots, A_{317})$

基于虚拟样机的火控系统 U_{32} 的权重矩阵：$A_{32k_{14}} = (A_{321}, A_{322}, A_{323})$

总体性能指标 U_1 的权重矩阵：$A_{1k_{15}} = (A_{11}, A_{12}, A_{13}, A_{14}, A_{15}, A_{16}, A_{17})$

总体性能指标 U_2 的权重矩阵：$A_{2k_{16}} = (A_{21}, A_{22}, A_{23}, A_{24}, A_{25})$

总体性能指标 U_3 的权重矩阵：$A_{3k_{17}} = (A_{31}, A_{32})$

整体性能评估的权重矩阵：$A_{k_{18}} = (A_1, A_2, A_3) = (x, y, z)$

遥控武器站性能评估采用虚实结合的评估方法，其指标体系按照评估信息的数据来源分为基于实物样机的指标与基于虚拟样机的指标。部分武器站没有建立虚拟样机，无法通过虚拟样机获得指标数据；部分武器站实物样机的个别指标数据由于客观原因无法测得，只能通过虚拟样机获得；还有部分武器站两类指标数据均可得到。基于以上遥控武器站指标信息来源的实际，整体性能评估采用开放式的评估方式，即不论参与评估的数据是否齐全均可以获得评估结果，数据越全面获得的结果越准确。

整体性能 U 可以采用实物样机和虚拟样机两方面获得数据进行性能评估，主要通过整体性能评估权重矩阵 $A = (A_1, A_2, A_3) = (x, y, z)$ 取值的不同来实现。评估模型分为只通过实物样机进行评估、只通过虚拟样机进行评估以及通过实物样机和虚拟样机共同进行评估。根据三种评估模型情况，运用专家调查及灰色关联度分析相结合的方法得到整体性能评估权重矩阵，如表 7 – 14 所列。

表 7 - 14　整体性能评估权重矩阵

权重矩阵取值	x	y	z
实物样机评估	0.49	0.51	0
虚拟样机评估	0	0	1
实物样机和虚拟样机共同评估	0.40	0.41	0.19

2. 基于模糊综合评估法的评估模型构建

遥控武器站性能评估过程存在很多不确定的因素,主要体现在其因素的随机性和模糊性。随机性表示性能评估过程中是否发生外在的不确定性,关系到因素信息量的大小;模糊性表示性能评估过程本身内在的不确定性,只涉及到评估信息的质。

模糊综合评估法是以模糊数学为基础,运用最大隶属度原则和模糊变换原则,将边界不清、不易定量的因素定量化,从多个影响因素对被评估目标隶属关系进行综合评估的方法。模糊综合评估方法的步骤为:首先构造一个评估矩阵 R(从因素集 U 到评估集 V 的模糊映射);然后确定能够反映各因素的相对重要性的权重集 A,通过模糊合成计算,将评估矩阵 R 与权重集 A 合成为多因素模糊综合评估集 B。权重的确定已经在上面解决,它对模糊综合评判结果起着十分重要的作用,反映了人们的主观认识,使得糊综合评判这种定量研究方法带有了主观性。

1)因素集与评估集的构建

(1)划分因素集。因素集 $U = (u_1, u_2, u_3, \cdots, u_m)$ 是影响被评估对象的指标集合,用来反映评判者从哪些方面来评估目标。第 2 章建立的遥控武器站指标体系即为多层次的因素集。

(2)建立评估集。评估集是各影响因素对被评判对象可能作出的评估等级所组成的集合,即

$$V = (V_1, V_2, V_3, \cdots, V_n)$$

式中:n 表示有 n 种评估等级,一般评估等级数为 3 ~ 7,如果评估等级数过大会对模糊综合评判带来困难,如果评估数过小会降低评估准确度。

模糊综合评估矩阵 R 实际是因素集 U 向评估集 V 的映射,最终评估结果从评估集中反映出来。如果评估数过小会降低评估准确度,如果评估等级数过大会对模糊综合评判带来困难,一般等级数为 3 ~ 7。为了直观反映性能的好坏,将遥控武器站性能评估集 V 的等级数确定为 5,并采用百分制定量评估,即

$$V = (V_1, V_2, V_3, V_4, V_5) = (1, 2, 3, 4, 5)$$

其中,1,2,3,4,5 为等级评估,五个评估等级分别对应连续、递增的数值分数,这样不但可以将指标量化,也提高了评估的准确性。各评估等级对应的评语及相应赋分如表 7-15 所列。

表 7-15　评估尺度表

等级	评语	赋分
1	劣	$[0,60)$
2	差	$[60,70)$
3	中	$[70,80)$
4	良	$[80,90)$
5	优	$[90,100]$

2)隶属矩阵的建立

隶属矩阵 $\boldsymbol{R} = (r_{ij})_{m \times n}$ 是各个因素 u_i 对评估集 V 的隶属度 r_{ij} 的集合。隶属度用来表示集合内的某一个元素对模糊集合的隶属程度,隶属度可以取闭区间 $(0,1)$ 任意的、∞个值的数,用 r_{ij} 表示元素 u_i 对评估集 V 的隶属程度,并且满足 $0 \leqslant r_{ij} \leqslant 1$。$r_{ij}$ 的值越大表示 u_i 对评估集 V 的隶属程度越大,值越小表示隶属程度越小。当 r_{ij} 的值取 0 和 1 时,分别表示 u_i 肯定不属于评估集 V 和肯定属于评估集 V。

在确定因素集与评估集之后,即可确定因素集中单因素 $u_i(i=1,2,\cdots,m)$ 对上一子集的抉择等级 $v_j(j=1,2,\cdots,n)$ 的隶属度 r_{ij},可得到单因素 u_i 的评估集 $r_i = (r_{i1},r_{i2},\cdots,r_{in})$,通过对所有评估因素的整合就可以得到隶属矩阵为

$$\boldsymbol{R} = (r_{ij})_{m \times n} = \begin{pmatrix} r_{11} & r_{12} & \cdots & r_{1n} \\ r_{21} & r_{22} & \cdots & r_{2n} \\ \vdots & \vdots & & \vdots \\ r_{m1} & r_{m2} & \cdots & r_{mn} \end{pmatrix},(i=1,2,\cdots,m;j=1,2,\cdots,n) \quad (7-8)$$

模糊综合评估隶属度的确定是指标量化的过程,使各指标数据之间具有可比性。获得准确的隶属度是遥控武器站性能评估问题的前提,隶属度的确定方法是多种多样的,需要根据指标的性质进行选择。由第 2 章可知,按照指标性质分类,武器站的评估指标分为定量指标和定性指标两种,它们表现出的不可公度性和矛盾性对评估工作带来困难,针对两种指标的特性,分别采取两类不同隶属度确定方法。

(1)定量指标隶属度的确定方法。定量指标的隶属度可以用隶属函数求得,隶属函数能够定量地反映模糊概念中元素从属于模糊集的程度。由于人头

脑思维存在差异,每个人对同一个事物的认识一般是不同的,因此每个人头脑中的隶属函数也是不同的,隶属函数的确定难免不同程度上受到主观因素的影响,但由于主观与客观有着必然的关联性,存在确定的隶属函数来反映客观实际。

① 构造隶属度模糊子集表。定量指标变量的隶属度既可以用连续函数的方式表示,也可以把输入量视为语言变量,这样本来连续的隶属度函数就能以离散化的等级方式出现。参照经典隶属函数以及专家调查的经验,构造出指标的评分隶属度模糊子集表,如表 7 - 16 所列。模糊子集表在确定隶属度作用方面与隶属函数基本相同,但是比隶属函数更加方便快捷。

表 7 - 16 隶属度模糊子集表

指标变量等级	劣	差	中	良	优
1(非常好)	0	0	0	0	1
2(很好)	0	0	0.12	0.78	0.1
3(好)	0	0.15	0.65	0.17	0.03
4(一般)	0.18	0.44	0.26	0.12	0
5(不好)	0.46	0.3	0.24	0	0

②区间划分。采用分五段区间取值方法,对定量评估指标数据进行区间划分。根据专家经验建立各定量指标相应的分段函数和分段标准,从而使得所建立的评判模型能够适应任何时候、任何人员的需要。分段函数为

$$DLZB_{ij} = \begin{cases} y_{j1}, M_1 \leq x_{ij} \leq M_2 \\ y_{j2}, M_2 \leq x_{ij} \leq M_3 \\ y_{j3}, M_3 \leq x_{ij} \leq M_4 \\ y_{j4}, M_4 \leq x_{ij} \leq M_5 \\ y_{j5}, x_{ij} \geq M_5 \end{cases} \quad (7-9)$$

式中:$DLZB_{ij}$表示第 i 类第 j 个定量指标的确定值;y_{j1}、y_{j2}、y_{j3}、y_{j4}、y_{j5} 表示第 1、2、3、4、5 变化区间内的数值;x_{ij} 表示第 i 类第 j 个指标的原始采集的数据值;

M_1、M_2、M_3、M_4、M_5 表示第 1、2、3、4、5 区间变化的临界值。

定量性能指标主要有成本型、效益型和固定型三类。成本型指标(如火控系统反应时间、耗电量、操控面板质量、外露高度等)数值越小越好,效益型指标(如有效射程、战斗射速、白光 CCD 视距等)数值越大越好,固定型指标数值越接近某个固定值越好。根据各定量指标的分段函数绘制对应的分段标准,如表 7 - 17 和表 7 - 18 所列。

表 7 - 17 火控系统反应时间分段标准

指标变量等级	1	2	3	4	5
指标描述	很短	短	一般	慢	很慢
指标/s	<2	2～3	3～6	6～8	>8

表 7 - 18 有效射程分段标准

指标变量等级	1	2	3	4	5
指标描述	很远	远	一般	近	不合格
指标/m	>2500	1600～2500	1100～1600	800～1100	<800

（2）定性指标的确定方法。定性指标无法直接利用数学这种定量工具进行表达，因此在评估前首先对定性指标进行量化；然后还要进行规范化处理。根据遥控武器站定性指标的特点，这里采用模糊统计法描述定性指标的隶属度。实施时分别对各专家发放调查问卷，对不同型号武器站的所有定性指标的隶属度进行调查，调查问卷涉及到武器站的型号、定性指标名称以及评估集。

理论上调查专家的数量越多，数据的真实性越高，但是为了方便调查数据的统计以及排除干扰因素的影响，这里选取 10 位遥控武器站领域的权威专家参与调查。问卷调查结束之后，首先分别对各指标的专家调查意见进行统计，得到第 i 个指标的判断频数向量 $\boldsymbol{r}_i = (r_{i1}, r_{i2}, r_{i3}, r_{i4}, r_{i5})$；然后对其进行规范化处理，即对 $\boldsymbol{r}_i = (r_{i1}, r_{i2}, r_{i3}, r_{i4}, r_{i5})$ 进行归一化计算，使其满足

$$\sum_{j=1}^{n} r_{ij}^0 = 1 \qquad (7-10)$$

r_{ij}^0 计算过程如下：

$$r_{ij}^0 = \frac{r_{ij}}{\sum_{j=1}^{n} r_{ij}}, i = 1, 2, \cdots, m \qquad (7-11)$$

式中：$\boldsymbol{r}_i^0 = (r_{i1}^0, r_{i2}^0, r_{i3}^0, r_{i4}^0, r_{i5}^0)$ 为遥控武器站第 i 个定性指标的隶属度向量。

（3）开放性的隶属度矩阵。由于客观条件限制，在遥控武器站性能评估过程中，不论是通过实物样机进行性能评估，还是通过虚拟样机进行性能评估，都可能出现输入数据不齐全的现象，按照传统评估方法不易获得评估结果。

为了解决这了问题，设计了开放性的隶属度矩阵。规定在遥控武器站单独性能评估过程中，缺少数据的指标按照 3 级语言变量来处理，即规定其隶属度为 $(0, 0.15, 0.65, 0.17, 0.03)$；当两个武器站性能比较时，只要其中一方武器站指

标的数据缺少,另外一方武器站的对应指标同样按照数据缺失来处理。开放性隶属度矩阵的设计,使得遥控武器站在部分数据(实物样机数据和虚拟样机数据)缺少的情况下,依然可以进行评估,具有较强的客观性、开放性和可操作性。

3)模糊合成运算

上面介绍隶属矩阵 $\boldsymbol{R} = (r_{ij})_{m \times n} (i = 1, 2, \cdots, m; j = 1, 2, \cdots, n)$ 不同的行,从不同的单因素角度反映了被评估对象各评估集的隶属程度。通过权重集向里 $\boldsymbol{A}$ 将 $\boldsymbol{R}$ 不同行进行因素对各评估集的隶属程度的综合,得到各影响因素从整体角度对评估集的隶属程度,即模糊综合评估结果向量 $\boldsymbol{B} = (b_1, b_2, \cdots, b_n)$。

采用加权平均法进行运算,按照普通矩阵乘法计算 $\boldsymbol{B} = \boldsymbol{A} \cdot \boldsymbol{R}$,则得到模糊综合评估矩阵:

$$\boldsymbol{B} = \boldsymbol{A} \cdot \boldsymbol{R} = (b_1, b_2, \cdots, b_n) = (a_1, a_2, \cdots, a_m) \begin{pmatrix} r_{11} & r_{12} & \cdots & r_{1n} \\ r_{21} & r_{22} & \cdots & r_{2n} \\ \vdots & \vdots & & \vdots \\ r_{m1} & r_{m2} & \cdots & r_{mn} \end{pmatrix}$$

$$(7-12)$$

式中:b_i 反映了第 i 个评判结果在评判总体 V 中的重要程度。

在模糊综合评估的运算中,选取的综合评估数学模型不同,相应的计算模式也不尽相同。根据不同的要求,选取不同的模糊模型,确定不同的模糊合成算子。常用的模糊综合评估处理方法有三种:最大隶属度法、加权平均法和模糊分布法。其中,加权平均法综合考虑了所有影响因素的作用,保证了评估结果向里 $\boldsymbol{B}$ 包含各方面信息的全面性。考虑到遥控武器站性能评估体系中指标数量多和指标影响梯度小的特点,需要将评估体系中的影响因素全部列入计算中去,因此采用加权平均法处理评估结果更加科学。运用加权平均法,以模糊综合评估结果向里 $\boldsymbol{B} = (b_1, b_2, \cdots, b_n)$ 作为评分向量中元素的权重,与评分向量相乘得到运算的结果。以表7-中五组评估尺度赋分值的中值组成评分向量 $\boldsymbol{C} = (30, 65, 75, 85, 95)$,则通过加权平均法处理评估结果后得到的综合评估值 $\boldsymbol{M} = \boldsymbol{B} \cdot \boldsymbol{C}$,得出单级指标的量化评估结果。

3. 遥控武器站性能评估模型的建立

基于灰色关联度分析与模糊综合评估方法的研究,建立遥控武器站性能评估模型。按照由下至上、由低级到高级的原则,分级对各层次的性能指标进行评估,低级指标的评估值汇总后又成为上一级指标性能评估的输入值,进行下一轮的评估。根据矩阵计算原理,从初级评估开始就将评估结果以评估值(具体数值并非隶属向量)的形式表示,既不影响评估结果又方便运算,评估模型流程如

160

图 7-23 所示。

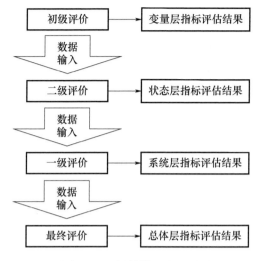

图 7-23   评估模型流程图

对遥控武器站多级模糊综合评估分为三个层次:其中 U_i 为一级指标(系统层),U_{ij} 为二级指标(状态层),U_{ijk} 为三级指标(变量层)。称 U_i 为 U_{ij} 的上一级指标,U_{ij} 为 U_{ijk} 的上一级指标,U_{ij} 为 U_i、U_{ijk} 为 U_{ij} 的下一级指标。

1)三级评估(初级评估)

上面已设定评估集向里 $V=(V_1,V_2,V_3,V_4,V_5)$,则初级评估是底层指标 U_{ijk}(变量层指标)到 V 的一个模糊影射:

$$f: U \to V$$

模糊影射 f 可以用底层指标 U_{ijk} 到评语集各元素 $V_m (m=1,2,3,4,5)$ 中隶属度向量 $\boldsymbol{R}_{ijk}=(r_{ijk1},r_{ijk2},r_{ijk3},r_{ijk4},r_{ijk5})$ 来表示,由于初级评估的结果是以评估值的形式表示,因此需要代入评分向量,且模糊综合评估集 $B_{ijk}=R_{ijk}$。

评分向量 $\boldsymbol{C}=(30,62,75,85,95)$ 以各底层指标的隶属度向量 $\boldsymbol{R}_{ijk}$(单指标的评估集 B_{ijk})为权重,求取各底层指标 U_{ijk} 的综合评估值 M_{ijk},则

$$\boldsymbol{M}_{ijk}=\boldsymbol{B}_{ijk} \cdot \boldsymbol{C}=(r_{ijk1},r_{ijk2},r_{ijk3},r_{ijk4},r_{ijk5})(30,65,75,85,95)^{\mathrm{T}} \quad (7-13)$$

2)二级评估

二级评估指的是对二级指标 U_{ij}(状态层 U_{133} 指标)进行的性能评估,二级指标 U_{ij} 下面具有个 k 分支指标 U_{ijk}。由表 40 得到模糊权重向量为 $\boldsymbol{A}_{ij}=(A_{ijk1},A_{ijk2},\cdots,A_{ijkn_2})$,由三级评估运算结果 M_{ijk} 组成评估向量为 $\boldsymbol{M}_{ij}=(M_{ij1},M_{ij2},\cdots,M_{ijn_2})$,则二级指标 U_{ij} 的综合评估值为

$$M_{ij}=(A_{ij1},A_{ij2},\cdots,A_{ijn_2})(M_{ij1},M_{ij2},\cdots,M_{ijn_2})^{\mathrm{T}} \quad (7-14)$$

式中: $i=1,2,3$; $j=1,2,\cdots,n_1$; $n\in(2,5,7)$; $k=1,2,\cdots,n_2$; $n_2\in(2,3,4,6,7,11,13,19)$

3）一级评估

同理，一级评估指的是对一级指标 $U_i(i=1,2,3)$（系统层指标）进行的性能评估，由表 7-40 得到模糊权重向量 $A_i=(A_{i1},A_{i2},\cdots,A_{in_1})$，根据二级评估运算，求得二级指标 U_i 的综合评估值 M_{ij} 组成评估向量 $\boldsymbol{M}_i=(M_{i1},M_{i2},\cdots,M_{in_1})$，则一级指标 U_i 的综合评估分值为

$$\boldsymbol{M}_i=(A_{i1},A_{i2},\cdots,A_{in_1})(M_{i1},M_{i2},\cdots,M_{in_1})^{\mathrm{T}} \qquad (7-15)$$

式中: $i=1,2,3$; $j=1,2,\cdots,n_1$; $n_1\in(2,5,7)$。

4）最终评估

同理，因素指标 U 的三个分支指标的权重向量为 $\boldsymbol{A}=(A_1,A_2,A_3)=(x,y,z)$，根据一级评估运算，求得三个一级指标 U_i 的综合评估值 M_i 所组成的评估向量为 $\boldsymbol{M}=(M_1,M_2,M_3)$，则遥控武器站性能综合评估值为

$$\boldsymbol{M}=(A_1,A_2,A_3)(M_1,M_2,M_3)^{\mathrm{T}} \qquad (7-16)$$

遥控武器站性能综合评估应分为四级，其评估模型如下:

$$\begin{cases} M_{ijk}=(r_{ijk1},r_{ijk2},r_{ijk3},r_{ijk4},r_{ijk5})(30,65,75,85,95)^{\mathrm{T}} \\ M_{ij}=(A_{ij1},A_{ij2},\cdots,A_{ijn_2})(M_{ij1},M_{ij2},\cdots,M_{ijn_2})^{\mathrm{T}} \\ M_i=(A_{i1},A_{i2},\cdots,A_{in_1})(M_{i1},M_{i2},\cdots,M_{in_1})^{\mathrm{T}} \\ M=(A_1,A_2,A_3)(M_1,M_2,M_3)^{\mathrm{T}} \end{cases} \qquad (7-17)$$

7.3.4 遥控武器站性能评估系统

遥控武器站性能评估系统是在遥控武器站数据库的基础上，围绕软件系统功能需求和性能需求，建立起来的可视化的、高集成的软件系统，其核心功能是完成数据访问和性能评估。软件系统的界面框架如图 7-24 所示。

遥控武器站性能评估系统功能如下。

（1）具有数据库功能。能够查询国内外遥控武器站相关技术信息，维护性、扩展性强，便于增减数据。

（2）具有直接调用虚拟样机功能。能够将虚拟样机计算出的结果作为评估输入数据，直接导入遥控武器站性能评估系统。

（3）具有对单个遥控武器站性能进行评估的功能。

（4）具有对多个遥控武器站性能进行评估对比功能。

（5）具有模糊评估功能。在缺少指标数据时，也能实现遥控武器站的分析评估。

图 7 - 24　软件系统界面框架

按照功能属性,将遥控武器站性能评估软件系统设计成权限管理、数据维护、信息检索、性能评估、性能比较五大功能模块,软件系统的结构框架如图 7 - 25 所示。

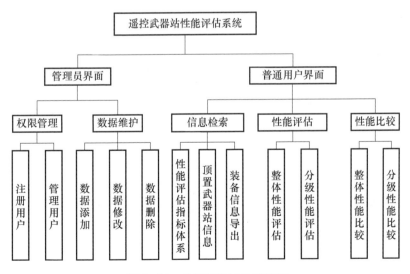

图 7 - 25　软件系统结构框架图

1. 数据维护模块

数据维护模块是系统的核心模块,软件系统的主要功能是以数据维护模块实现为基础的。数据维护模块实现两大功能。

(1) 基础数据的存储、修改和删除。

(2) 根据导入的基础数据对武器站进行综合评估以及各级别性能评估,并将评估结果保存到数据库中。

2. 数据修改模块

数据修改模块的界面与数据添加模块的界面相似,都是由定性性能指标与定量性能指标两部分组成。在数据修改过程中,依然需要对定性指标数据格式转换以及两种数据的评估运算,其原理与数据添加相同,在此不再重述。

遥控武器站名称作为所有数据表的主键(主键是能确定一条记录的唯一标志),因此数据修改首先通过搜索遥控武器站的名称,首先将需要修改的武器站的信息显示出来;然后在界面内修改数据,操作完成后点击确定键,将更新后的数据替换到数据库中,同时对更改的数据进行评估,也将结果保存到数据库中。这样就完成了数据修改的操作,其中,数据转换器和评估运算器的代码与数据添加部分的代码相同。数据修改界面如图 7 - 26 所示。

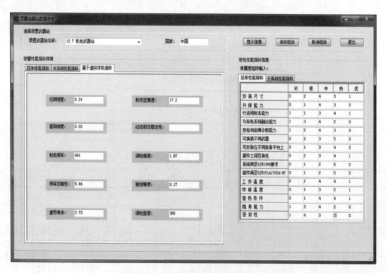

图 7 - 26　数据修改界面

3. 信息检索模块

1) 性能评估指标体系检索

整个评估系统都是建立在遥控武器站性能评估指标体系上的,指标体系是系统评估的基础。系统设计了良好的界面结构，能够清晰地表示各层次指标的联系，使用户了解指标含义和依据。

软件系统选用 TreeView 树形菜单控件，以折叠、展开、隐藏或显示其中的节点，能够满足遥控武器站性能评估指标体系的层次结构。同时，在选中三级指标时，界面还会显示此指标的含义和注解。性能评估指标体系界面如图 7 – 27 所示。

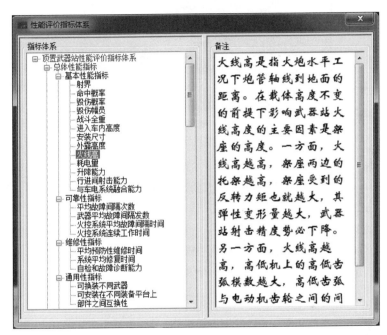

图 7 – 27　性能评估指标体系界面

2）遥控武器站信息检索

遥控武器站信息检索是对武器站全体基础信息的查询。信息检索界面运行后，系统会自动连接数据库并搜寻数据表 tb_ration 和 tb_indistinct 的主键（遥控武器站的名称），将数据库中武器站的名称列在界面内。用户选择需要查询的武器站，系统依次进行数据连接、创建 SQL 查询、建立数据适配器、在内存创建并填充数据表，并将临时数据表的内容显示在界面上。

4. 性能评估与性能比较模块

本系统在数据存储过程中，就已经完成了性能评估的运算工作，并将评估结果保存到评估结果汇总表（tb_evaluation），因此性能评估和性能比较是将评估结果从数据库中提取出来，并显示到用户界面的过程。

1）整体性能评估

整体性能评估界面分为实物样机评估、虚拟样机评估和综合评估三个选项。选项不同，一级权重(x,y,z)的取值不同，整体性能评估界面如图7-28所示。

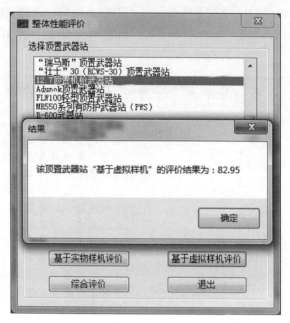

图7-28　整体性能评估

2）分级性能评估

分系统性能评估包括三级性能指标评估、二级性能指标评估、一级性能指标评估三个子界面。以一级性能指标评估为例，界面运行后，窗体左面显示所有系统层性能指标如图7-29所示。

图7-29　一级性能指标评估

3）性能比较

性能比较首先选择两个型号的遥控武器站；然后对两个武器站进行性能评估，可以对其进行分级性能比较也可以整体性能比较。在分级性能比较中，通过对两个武器站不同级别指标得分进行比较，可对国内遥控武器站提出修改意见；在整体性能比较中，分别从实物样机、虚拟样机、综合性能三个方面进行比较，为武器站的性能评估提供参考，整体性能比较的武器站型号选择与实物样机性能对比分别如图 7 - 30 和图 7 - 31 所示。

图 7 - 30　整体性能比较的武器站型号选择

图 7 - 31　基于实物样机的性能对比

第8章　装甲底盘与车炮匹配性评估

装甲底盘与火炮匹配性俗称车炮匹配性。①广义上车炮匹配性是指:装甲车辆和火炮系统在参数(指标)、机械和电气等方面协调统一,使车炮系统的总体性能达到最优,而不是片面强调单一性能,割裂各个性能之间的辩证关系,影响车炮系统的总体性能。从优化角度出发,这是一个多目标函数的系统综合与优化问题。②狭义上车炮匹配性是指:车炮系统的固有属性,衡量装甲底盘与火炮结合的合理程度,实际上也是以匹配性最佳为目标,以底盘和火炮结构参数为设计变量,以参数化动力学模型为伴随条件的优化问题。

车炮匹配性评估在建立车炮匹配动力学模型基础上,通过仿真分析计算,并充分考虑装甲底盘与火炮匹配性的评估因素,提出衡量匹配性的评估指标,构建由评估准则层、评估指标层及评估因素层组成的评估体系。基于评估体系,采用综合评分法和 AHP 法,运用数据库技术建立由数据服务层、数据发现层、数值分析层和表示层组成的动态可视化匹配性评价平台。通过 AHP 法进行匹配性实例分析,验证评估准确性。

8.1　车炮匹配性动力学建模分析

8.1.1　动力学建模

1. 基于 Kane 方程的动力学方程

这里将射击稳定性的概念进行扩展和延伸,将火炮的射击稳定性与射击精度联系起来考虑,强调一体化思想和载体的影响。以时变思想建立车炮匹配分析研究模型,把全车分为车体、炮塔、摇架和后座部分 4 个刚体,选取 14 个广义坐标,引进了 4 个约束,考虑了履带张力、驻退机力、复进机力、炮膛合力、高低机力等主动力和由于诸多力而引起的反力,建立了 14 个自由度的二阶微分方程组,采用动静法导出 4 个辅助方程,能够反映整个系统的运动和受力。14 个运动微分方程及 4 个辅助方程构成了封闭的动力学方程组,描述了火炮发射时全车的动力学的基本性能,可以计算出各运动参数及有关力随时间变化的数值解。采用 Kane 方法,使用 Mathmatic 软件进行符号推导,Fortran 语言编程计算,直接

168

建立动力学模型。Kane 方法的优点在于推导过程简捷、程式化,便于计算机处理,资料表明,在用 Kane 方法建模得到的动力学方程组进行数值计算时,其计算效率比 Lagrange 法高 3~4 倍。

根据 Kane 方程推导出 14 个运动微分方程如下:

$$[T]\left\{\frac{\mathrm{d}\prod}{\mathrm{d}t}\right\} = \{F\} \tag{8-1}$$

$$[T] = \begin{bmatrix} T_{1,1} & \cdots & T_{1,14} \\ \vdots & & \vdots \\ T_{14,1} & \cdots & T_{14,14} \end{bmatrix}, \{F\} = \begin{bmatrix} F_1 \\ F_2 \\ \vdots \\ F_{14} \end{bmatrix}, \left\{\frac{\mathrm{d}\prod}{\mathrm{d}t}\right\} = \begin{bmatrix} \dfrac{\mathrm{d}\prod_1}{\mathrm{d}t} \\ \dfrac{\mathrm{d}\prod_2}{\mathrm{d}t} \\ \vdots \\ \dfrac{\mathrm{d}\prod_{14}}{\mathrm{d}t} \end{bmatrix} \tag{8-2}$$

车炮系统多体动力学模型可写成如下形式:

$$\begin{bmatrix} 1 & 0 & \cdots & 0 & & & \\ 0 & 1 & \cdots & 0 & & 0 & \\ \vdots & \vdots & & \vdots & & & \\ 0 & 0 & \cdots & 1 & & & \\ & & & & T_{1,1} & \cdots & T_{1,14} \\ & & 0 & & \vdots & & \vdots \\ & & & & T_{14,1} & \cdots & T_{14,14} \end{bmatrix} \begin{bmatrix} \dot{z}_1 \\ \dot{z}_2 \\ \vdots \\ \dot{z}_{14} \\ z_{11} \\ \vdots \\ z_{24} \end{bmatrix} = \begin{bmatrix} z_{11} \\ z_{12} \\ \vdots \\ z_{24} \\ F_1 \\ \vdots \\ F_{14} \end{bmatrix} \tag{8-3}$$

2. 车炮匹配性动力学模型

根据火炮实际射击的物理过程作如下假设。

(1) 火炮反后坐装置联结了后坐部分和摇架,后坐部分相对摇架沿炮膛轴线做直线后坐和复进的往返运动。

(2) 高低机、方向机、驻退机和复进机等提供的力/力矩均是广义坐标、广义速率和结构参数的函数。

(3) 土壤具有弹塑性,土壤反力是广义坐标和广义速率的函数。

为了描述方便,将部件间所有连接关系都看作铰,如碰撞铰、弹簧阻尼铰等。

设全局坐标系为:原点位于耳轴中心,X 轴平行于 0° 射角时的炮膛轴线且指向车尾为正,Y 轴铅垂向上,Z 轴按右手规则确定。在初始状态下,各部分的连

169

体坐标系与全局坐标系平行。根据实际结构间的相对运动关系,定义全炮系统的拓扑关系如下。

(1)把后坐部分简化为炮尾(含炮闩)、驻退活塞杆、复进活塞杆、身管、炮口制退器等5个物体,其中身管为弹性体,取对变形贡献较大的66阶弹性模态坐标 $\eta_i(i=1,66)$ 为变形自由度,炮尾和炮口制退器与身管刚性连接,驻退活塞杆和复进活塞杆与炮尾刚性连接,没有运动自由度。

(2)摇架部分简化为摇架本体、挡筒装置、瞄具、复进机非后坐部分、驻退机非后坐部分、前衬板、后衬板、左耳轴、右耳轴等9个物体,摇架本体为弹性体,取前75阶模态坐标 $\pi_i(i=1,75)$ 为变形自由度,左、右耳轴与摇架固连,它们相对炮塔绕坐标系 $O_yX_yY_yZ_y$ 的 O_yZ_y 轴转动,坐标系 $O_yX_yY_yZ_y$ 的原点为耳轴中心,且 O_yZ_y 轴与耳轴中心线重合,前后衬板、挡筒装置、瞄具、复进机非后坐部分、驻退机非后坐部分等6个物体通过固定铰与摇架连接。

(3)炮塔部分简化成1个刚体,相对车体可绕回转轴转动,定义一个绕 O_tY_t 轴的扭转弹簧模拟方向机的作用。

着重考虑射击稳定性性能指标,利用 RecurDyn 建立底盘顶置 125mm 坦克炮的虚拟样机,系统分为26个刚体和2个弹性体;1个滑移铰(只有1个平动自由度,其余5个自由度被约束)、3个旋转铰(只有1个转动自由度,其余5个被约束)、12个固结铰(6个自由度全部被约束)。因此,整个全炮系统共有 $26 \times 6 - (1+3) \times 5 - 12 \times 6 = 64$ 个刚体运动自由度以及141个变形自由度,分别用205个独立的变量表示系统的广义坐标。车炮系统发射动力学模型如图8-1所示。

(a)

(b)

图 8 – 1　高低射角 0°、方向射角为 0° 时的全炮发射动力学模型(工况 1)

8.1.2　车炮匹配性动力学分析

　　为了分析某坦克炮发射时的运动和受力规律,对其实施了多工况的动力学仿真计算,计算工况如表 8 – 1 所列。工况 1 ~ 4 是为了预测火炮在平地上发射榴弹时的射击稳定性和炮口扰动,工况 1 的动力学模型如图 8 – 1 所示。工况 5 是为了预测火炮在斜坡上发射杀爆弹(底盘和火炮沿斜坡方向)时的射击稳定性和炮口扰动;工况 6 是为了预测火炮在斜坡上发射杀爆弹(底盘与斜坡方向垂直,火炮沿斜坡方向)时的射击稳定性和炮口扰动;工况 7 是为了预测火炮在平地上发射穿甲弹时的射击稳定性和炮口扰动。

表 8 – 1　计算工况表

工况	高低射角 /(°)	方向射角 /(°)	弹种	斜坡角度 /(°)	备　注
1	0	0	杀爆弹	0	平地
2	0	90	杀爆弹	0	平地
3	18	0	杀爆弹	0	平地
4	18	90	杀爆弹	0	平地
5	0	0	杀爆弹	12	底盘和火炮沿斜坡方向
6	0	90	杀爆弹	12	火炮沿斜坡方向、底盘与斜坡方向垂直
7	0	0	穿甲弹	0	平地

各计算工况的部分运动和受力幅值如表8-2~表8-6所列,图8-2~图8-30所示为工况1的部分计算曲线。

表8-2 射击稳定性数据之一(幅值)

工况	车体俯仰角 /(°)	车体侧角 /(°)	车体偏航角 /(°)	底盘后移 /mm	底盘前冲 /mm
1	-2.0811	-0.0108	0.00016	27.2260	16.9599
2	-0.0509	-2.609	0.1193	53.6018	
3	-1.8614	0.0082	0.00011	22.8227	15.1528
4	-0.3015	-2.1747	0.0047	28.0682	11.3506
5	-2.3674	-0.0109	0.00020	123.2217	
6	-0.1288	-2.9738	0.5705	143.1306	
7	-1.6439	-0.0069	0.00005	20.1883	15.5440

注:定义车体坐标系 $O_1X_1Y_1Z_1$,O_1 为车体质心,X_1 轴平行于车体纵向轴,指向车尾为正,Y_1 轴垂直向上为正。俯仰角是车体绕 Z_1 轴的转角,车尾抬起为正;偏航角是指车体绕 Y_1 轴的转角,车尾向左摆动为正;侧角是指车体绕 X_1 轴的转角。

表8-3 射击稳定性数据之二(幅值)

工况	左前轮跳高 /mm	左3轮跳高 /mm	左后轮跳高 /mm	右前轮跳高 /mm	右3轮跳高 /mm	右后轮跳高 /mm
1	50.0231	11.4787	37.5963	49.7319	11.4358	37.8201
2	36.5098	36.6912	37.0385	15.4900	15.5189	15.6269
3	36.3957	6.9943	29.8268	29.8268	6.7889	30.0382
4	29.88803	24.7598	16.1710	14.8381	16.6817	21.2587
5	63.9083	14.9254	11.8089	19.0759	14.8932	19.3187
6				43.0908	43.1679	44.5421
7	36.6352	8.8631	31.4678	36.6409	8.8168	31.6107

172

表 8-4 射击稳定性数据之三(幅值)

工况	左前悬挂受力/N	左 3 悬挂受力/N	左后悬挂受力/N	右前悬挂受力/N	右 3 悬挂受力/N	右后悬挂受力/N
1	25297	17161	34463	25328	17187	34645
2	18557	21239	25842	23604	26200	30628
3	23479	17151	35031	23524	17195	35166
4	19747	21024	23370	22108	26379	33777
5	18937	15793	35536	18981	15826	35687
6	24966	27134	30867	13522	15973	20130
7	23426	16813	31090	23502	16869	31248

表 8-5 炮口扰动之一(弹丸出炮口瞬间)

工况	炮口水平位移/mm	炮口垂直位移/mm	炮口垂直跳角/(°)	炮口水平偏角/(°)
1	-0.0015	-0.8042	0.0124	-1.1265×10^{-4}
2	0.00039	-0.8369	0.0137	2.5096×10^{-6}
3	-0.0018	-0.7499	0.0109	-1.2581×10^{-4}
4	-0.0017	-0.7718	0.0117	-4.8277×10^{-5}
5	-0.0033	-0.7967	0.0127	-2.286×10^{-4}
6	-0.0013	-0.8618	0.0161	-1.459×10^{-4}
7	0.00057	-0.1792	-0.0010	6.9933×10^{-5}

表 8-6 炮口扰动之二(弹丸出炮口瞬间)

工况	炮口水平速度/(mm/s)	炮口垂直速度/(mm/s)	炮口垂直跳角速度/(°/s)	炮口水平偏角速度/(°/s)
1	-0.6835	-146.8242	2.1915	-0.0662
2	-0.1676	-162.111	2.9951	-0.028
3	-0.8607	-133.0836	1.5945	-0.0775
4	-1.5505	-141.9821	1.9566	-0.1011
5	-1.2571	-146.4747	2.3371	-0.1125
6	0.0132	-170.6666	3.7811	-0.0305
7	0.2180	-81.3460	2.1153	0.0437

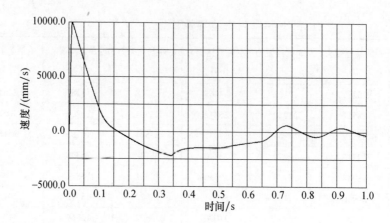

图 8 - 2　后坐部分后坐复进速度曲线(工况 1)

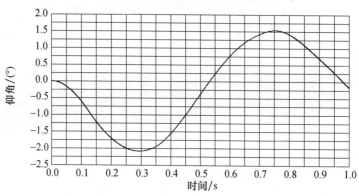

图 8 - 3　底盘俯仰角曲线(工况 1)

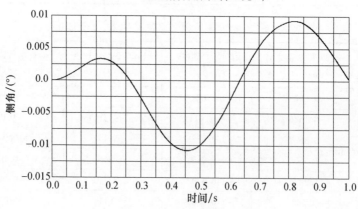

图 8 - 4　底盘侧角曲线(工况 1)

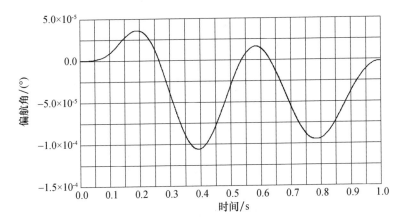

图 8-5　底盘偏航角曲线(工况1)

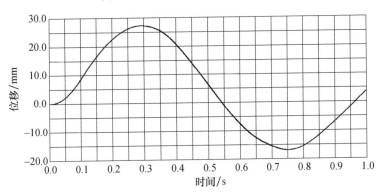

图 8-6　底盘质心后移前冲曲线(工况1)

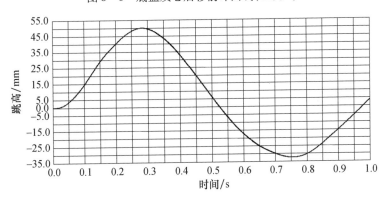

图 8-7　左前轮跳高曲线(工况1)

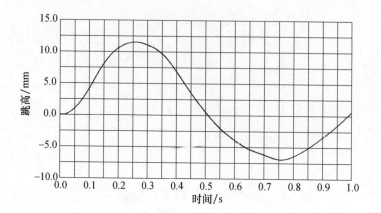

图 8-8　左 3 轮跳高曲线(工况 1)

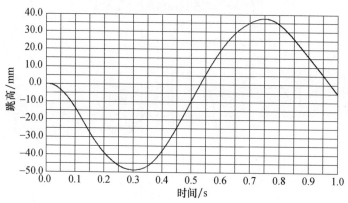

图 8-9　左后轮跳高曲线(工况 1)

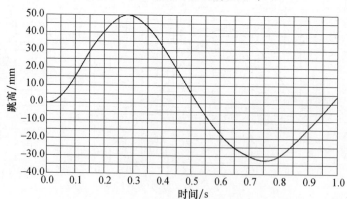

图 8-10　右前轮跳高曲线(工况 1)

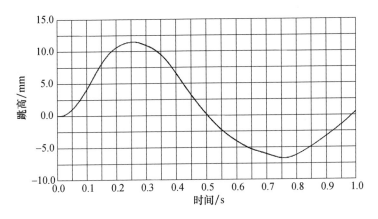

图 8 - 11　右 3 轮跳高曲线（工况 1）

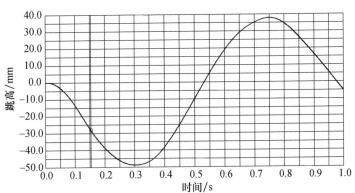

图 8 - 12　右后轮跳高曲线（工况 1）

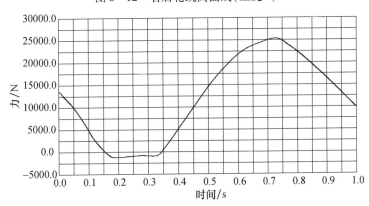

图 8 - 13　左前悬挂受力曲线（工况 1）

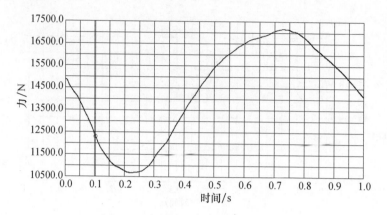

图 8 - 14　左 3 悬挂受力曲线(工况 1)

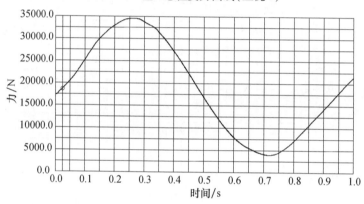

图 8 - 15　左后悬挂受力曲线(工况 1)

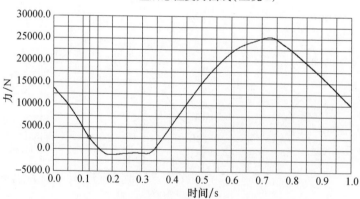

图 8 - 16　右前悬挂受力曲线(工况 1)

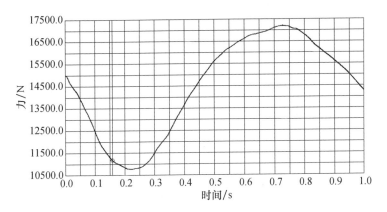

图 8 - 17　右 3 悬挂受力曲线(工况 1)

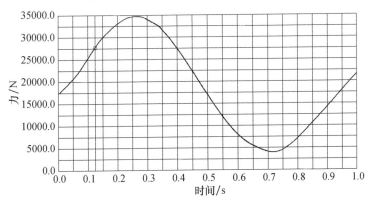

图 8 - 18　右后悬挂受力曲线(工况 1)

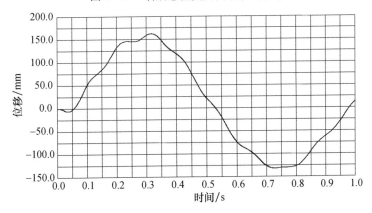

图 8 - 19　炮口中心垂直位移曲线(工况 1)

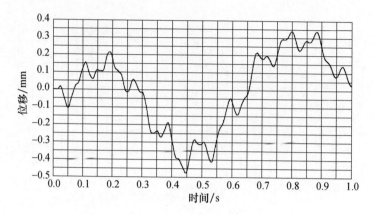

图 8 - 20　炮口中心水平位移曲线(工况 1)

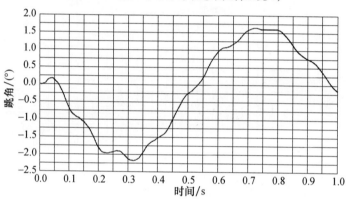

图 8 - 21　炮口中心高低跳角曲线(工况 1)

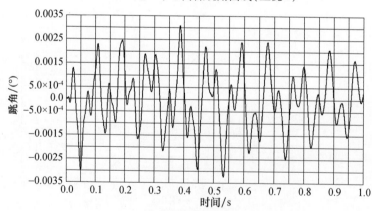

图 8 - 22　炮口中心方向跳角曲线(工况 1)

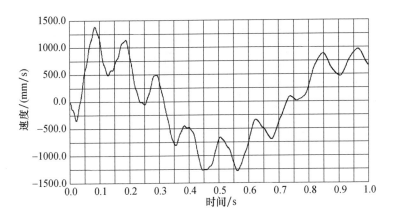

图 8-23　炮口中心垂直速度曲线(工况 1)

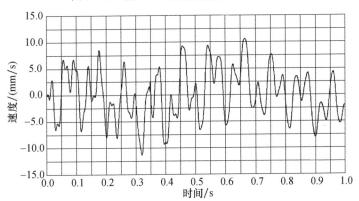

图 8-24　炮口中心水平速度曲线(工况 1)

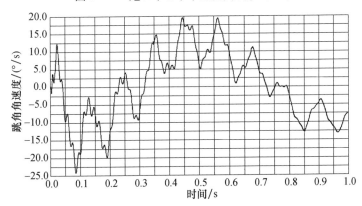

图 8-25　炮口中心高低跳角角速度曲线(工况 1)

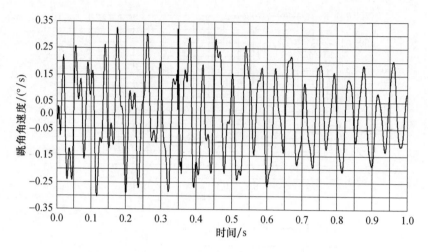

图 8 – 26 炮口中心方向跳角角速度曲线(工况 1)

(1)由表 8 – 2 ~ 表 8 – 6 可知,火炮发射穿甲弹(工况 7)的射击稳定性和炮口扰动比发射杀爆弹(工况 1)的小,因此后续的讨论以发射杀爆弹的射击稳定性和炮口扰动为主。

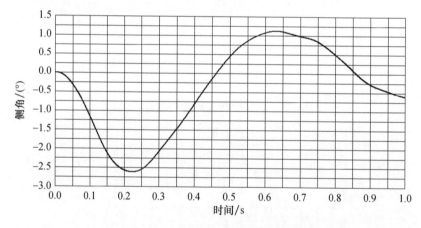

图 8 – 27 底盘侧角曲线(工况 2)

(2)在平地上发射时,射角为 0°,方向角为 90°(工况 2)时,底盘的跳角幅值最大,约为 2.6°,但此时全炮重力作用线未超过负重轮支撑范围,并且达到最大值后又向平衡位置恢复,因此火炮在平地上发射的射击稳定性是有保证的。

(3)其他条件相同时,射角越大,底盘跳角越小,其射击稳定性越好。

(4)在平地上发射时,当正向射击时,全炮沿射击的相反方向先后移,再前冲,最终能回到射前位置;方向角为 90° 时,后移量幅值最大,约为 54mm,并且无前冲,且回不到射前位置,如图 8 - 28 所示。

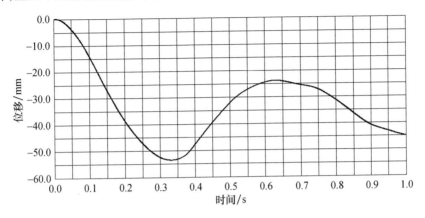

图 8 - 28 底盘质心后移曲线(工况 2)

(5)在平地上发射时,工况 3 的右后悬挂受力幅值最大,约为 35166N(约 3.58t),若考虑高温装药条件,悬挂最大受力约为 39000N(约 3.97t),在结构设计时需高度重视。

(6)火炮在斜坡上射击时,当底盘横放(与斜坡方向垂直)、火炮与斜坡方向平行(工况 6)时,底盘的跳角幅值最大,约为 3°,但此时全炮重力作用线未超过负重轮支撑范围,并且达到最大值后向平衡位置恢复,如图 8 - 29 所示。因此,火炮在斜坡上发射的射击稳定性也是有保证的,但比平地上的射击稳定性略差。

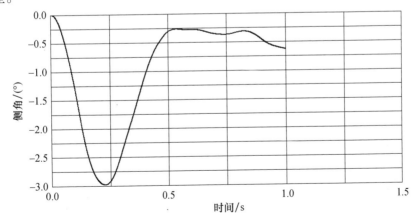

图 8 - 29 底盘侧角曲线(工况 6)

（7）在斜坡上发射时,全炮沿射击的相反方向后移,但无前冲,且回不到射前位置,如图 8 – 30 和图 8 – 31 所示。

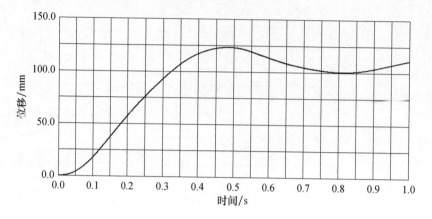

图 8 – 30　底盘质心后移曲线(工况 5)

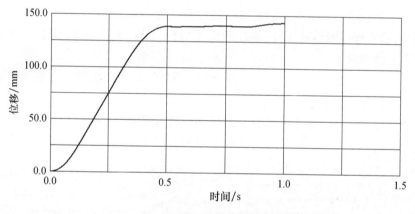

图 8 – 31　底盘质心后移曲线(工况 6)

（8）在斜坡上发射时,工况 5 的右后悬挂受力幅值最大,约为 35687N(约 3.64t),若考虑高温装药条件,悬挂最大受力约为 39500N(约 4.03t)。

（9）总的来看,火炮可以任意射角和 360°环向射击,也可在斜坡(12°)上射击,其射击稳定性较好。

8.2　车炮匹配性评估体系及平台

车炮匹配性评估体系是对车炮系统的总体性能评价,必须反映车炮系统的主要性能和结构特征,是根据装甲底盘选择不同的火炮或根据火炮选择不同的装甲底盘,寻求底盘和火炮之间最佳配合的依据。一般而言,应包括:工作性能、使用性、经济性、保障性等几个方面,在评估车炮系统工作性能时,主要考虑射击稳定性、射击精度、刚度强度、乘员生理承受等方面,其中射击稳定性是对武器发射后效影响最大的一个方面。

车炮匹配性评估过程包括以下步骤和内容:收集和发掘能够表征装甲底盘与火炮匹配性的评估因素;把车炮系统参数化动力学模型计算出的数据作为动态评估因素;采用综合评分法和 AHP 法对装甲底盘与火炮匹配性进行分析评价;从评价结果得出不同车炮系统的匹配性,进而分析得出提高匹配性的方法(图 8 – 32)。

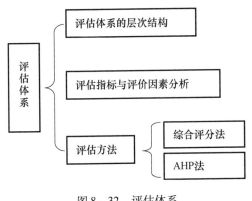

图 8 – 32　评估体系

8.2.1　评估体系的层次结构

评估体系由三个层次组成:评估准则层、评估指标层及评估因素层。

评估准则层是评估体系的最高层次,是系统固有的综合性能要求和最高综合指标。装甲底盘和火炮匹配性最优是评估准则,主要是指车炮系统火力性和机动性之间相互协调。

评估指标层按照不同的匹配类型可划分结构匹配性和性能匹配性两个方面,按照不同的试验检测内容则可分为机械匹配性、电气系统及电磁兼容匹配性、维修匹配性和人—机—环境匹配性。

评价因素是衡量或描述系统特定性能的基本参数,它是评估车炮系统性能的最基本元素。评价因素层位于评估体系的最底层,使用中通常将评价因素分为静态评价因素值和动态评价因素值,在匹配性评价平台中静态评价因素值从车炮匹配性评价数据库直接获得。

8.2.2　评估方法

专家评估法是一种以各种专业知识的专家学者主观判断为基础的评估方法。通常以分数、评估等级、序数等作为评估的量值。这里选择了专家评估法和层次分析法，分别从定性和定量的角度评估车炮的匹配性。

1. 综合评分法

综合评分法是专家评估法的一种，是对系统的定性评价，而非定量评价。对于评价体系中每一个评价因素，给出评价标准，对每个评价因素分为优秀、良好、一般、较差四个等级，用 A、B、C、D 表示。本项目以美国 M1 坦克中相应的各项评价因素为参照，认为 M1 坦克中各项评价因素是基准。当被评价车炮系统的评价因素在基准的 25% 之内为 A 等级，在 50% 之内为 B 等级，在 75% 之内为 C 等级，在 75% 之外为 D 等级。

这里选择专家系统中综合评分法的主要原因有以下两点。

（1）该评估方法具有可扩展性。从评估结果的计算过程可看出，对评估指标和评价因素的个数能够删减或增加。这对于装甲底盘与火炮匹配性评估体系的后续研究留下了接口，以便将下一步的深入研究中发掘出的更多更能够表征装甲底盘与火炮匹配性的评估指标和评价因素加入到此评价体系中。

（2）该评估方法适合于研究由多种因素相互影响的评价问题。对于匹配性问题，它是由底盘和火炮组成的综合系统，影响因素众多，且相互没有独立性，应用专家系统中的综合评分法能够得出满意的结果。

2. AHP 法

AHP 法是通过分析复杂系统所包含的因素及其相互关系，将问题分解为不同的要素，并将这些要素归并为不同的层次，从而形成一个多层次的分析结构模型。

在每一层次可按某一规定准则，对该层要素进行逐对比较，写成矩阵形式，构成并建立判断矩阵。通过判断矩阵中特征向量的计算，得出该层次要素对于该准则的权重。在此基础上进而计算出各层次要素对于总体目标的组合权重，从而得出不同设想方案的权值，为选择最优方案提供依据。

运用层次分析法对车炮系统匹配性评价结果的评价准则，仍然采用与 M1 坦克相比较的方法，以使两种评价方法的评价结果具有可比性，各个评价因素指标等级确定如下：

（1）满足条件：$|r-1| \leq 0.1$ 的评价因素为一级评价因素（其中 r = 实例的评价因素值/M1 的评价因素值，称其为归一化值）；

（2）满足条件：$0.1 < |r-1| \leq 0.3$ 的评价因素为二级评价因素；

（3）满足条件：0.3 < ｜r－1｜≤0.5 的评价因素为三级评价因素；

（4）满足条件：0.5 < ｜r－1｜≤0.8 的评价因素为不合格评价因素；

（5）满足条件：0.8 < ｜r－1｜ 的评价因素为极差评价因素。

AHP 法评估过程如图 8－33 所示。

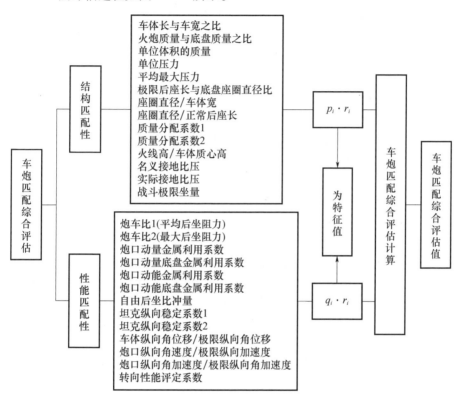

图 8－33　AHP 法的评估过程

8.2.3　评估平台

车炮系统匹配性评估平台共由四层组成,分别为:数据服务层、数据发现层、数值分析层、表示层。四层体系有机结合构成了完整的应用平台,完成了匹配性评价的全过程。最终实现了对不同车炮组合的匹配性给出"优秀""良好""一般"和"较差"的评价结果。平台应用较为广泛,可对目前装备的坦克车炮匹配性进行评价分析,提出提高匹配性的途径;也可应用于现有装备的改造,分析由现有装甲底盘加载其他大威力火炮或现有火炮选择较轻型底盘而形成的车炮系统的匹配性;还能用于在新一代坦克总体设计中,从不同总体方案中选择匹配性最好的方案;可大大减少论证工作中的重复性劳动。

匹配性评估平台特点如下:

(1) 本软件使用典型的 Windows 操作界面,界面友好,输入方便,操作简单,容易修改;

(2) 计算和数据的传递是不透明的,用户不必对动力学原理和评价体系作深入的了解,只需知道评价标准和进行界面的控件操作,便可进行使用;

(3) 该软件应用较为广泛;

(4) 可大大减少论证工作中的重复性劳动。

匹配性评估平台功能如下:

(1) 对我军现装备车炮系统进行匹配性的评价;

(2) 以现有火炮和底盘为基础组合新型车炮系统,对其匹配性进行评价;

(3) 在总体设计中对不同方案进行匹配性分析和评估论证。

1. 数据服务层

数据服务层负责存储和管理数据,并通过数据发现层为数值分析层提供输入参数,数值分析层实现具体的评估体系,评估结果通过表示层显示到用户界面。每一层功能相对独立,四层体系结合构成了完整的应用平台。

数据服务层主要实现数据存储、查询和汇总的功能,是整个数据库平台的数据源。管理的对象是车炮系统的各类特征参数,参数均以动态二维表的形式进行存储。数据服务层位于数据库平台的最底层,为数据库平台提供数据源。在数据服务层中,通过对异种数据源的集成形成数据仓库,并提供被访问接口。

1) 建立数据仓库

数据仓库是一种语义上一致的数据存储,它充当决策支持数据模型的物理实现,并存放决策所需的信息。数据仓库也常常被看作一种体系结构,通过将异种数据源中的数据集成在一起而构造,支持结构化的、专门的查询和分析报告。建立数据仓库是指构造和使用数据仓库的过程,数据仓库的构造需要数据集成、数据清理和数据统一。

(1) 异种数据库的集成。采用了更新驱动(update – driven)方法,将来自多个异种源的信息预先集成,并存储在数据仓库中,供直接查询和分析。这种方法为异种数据源带来了高性能。

(2) 数据集成。要将装甲底盘和火炮的结构参数和性能参数,以及匹配性评估中所需的评估系数集成存储于数据仓库中。数据源可能以不同的形式存在,如数据库、电子表格、文本文件等。通过数据转换服务(DTS)来完成。

2) 匹配性评估数据库结构

根据匹配性评估体系的数据需求,将评价体系中用到的数据分别存储在不同的二维数据表中,表与表之间建立不同的约束关系,从而形成数据库的结构。匹配性评估数据库由系统数据、评价系数、元数据字典以及模型库四部分组成。

系统数据是数据库的主体,由装甲底盘、火炮、车炮系统三个实体组成,匹配性评估的直接对象是车炮系统,同一底盘可以对应不同的火炮,所以装甲底盘与车炮组合之间为一对多关系;同样,同一火炮也可以对应不同的装甲底盘,火炮实体和车炮系统实体之间也存在一对多的关系。装甲底盘和火炮两个实体都具有相同的复合属性:结构属性和性能属性,分别由装甲底盘和火炮的结构参数和性能参数来描述。

评估系数用来存储匹配性评价体系使用的全部系数,属性由系数项目和系数值组成。元数据字典则用来动态维护其他实体的属性,元数据字典的每一个实例均和其他实体的某一项属性存在动态关系。

在车炮匹配评估数据库平台中,所有的模型都作为数据来看待。数据库平台中模型被作为一种数据类型,以二进制的格式存储在数据库中。模型库可以包括射击稳定性模型、射击精度模型、刚度强度模型和乘员生理承受模型,所有这些模型都将在数据库中作为模型数据进行统一存储。

3)数据库服务层接口

数据服务接口是数据服务层对外公开的接口,数据发现层通过该接口访问数据库中的数据,在本项目中该接口被设计为 OLE DB Provider 接口,该接口是 COM 接口,是微软统一数据访问策略的重要组成部分之一。OLE DB 是一种数据库访问技术,主要由 OLE DB Provider 和 OLE DB Consumer 两组 COM 接口组成,前者即为在数据服务层所使用的接口。

OLE DB Provider 是由多个接口构成的接口组合,其中包括数据源对象接口、会话对象接口、行集对象接口和可选的命令对象接口。

2. 数据发现层

数据发现层的主要功能是:建立数据连接、实现数据库访问和数据对象化。由于从数据库中取出的数据为行集的形式,所以需要对数据进行对象化,然后将打包的数据对象通过数据请求接口返回。

将数据传输作为独立的层来设计增强了整个平台的灵活度。首先,数据发现层的存在使得匹配性评价平台可以使用多个不同结构、不同位置上的数据源;其次,数据发现层隐藏了主机搜索和网络传输等复杂的工作,使得数据访问更加透明。数据发现层还对数据格式进行了转换,将数据源中以表格形式存储的数据进行对象化,通过公开的自定义接口 IWVData 返回对象实体。

1)数据连接

数据连接是整个数据发现层的基础,当数据发现层收到数据请求后必须首先建立数据连接,后续的数据处理都在数据连接的基础上进行。

数据库访问是数据发现层的主要任务,经常用到的技术包括:ODBC(Open Database Connectivity,开发数据库互联);DAO(Data Access Objects)数据访问对象;、ADO(Activex Data Obiect);JDBC(Java Database Connectivity);OL EDB。

2)数据对象化

数据对象化将数据打包。当数据库访问成功后,数据以数据集的形式返回,为了方便数据的使用需要将这些数据封装成类的对象,封装的过程就是数据对象化。通过数据对象化不但使数据的使用变得方便,而且编码也变得简单,可维护性也大大加强。数据对象化也使得面向对象的程序设计变得容易实现。

3. 数值分析层

数字分析层的主要任务之一是采用匹配性评估体系和综合评分法进行匹配性分析;同时对于该体系中不同的评估指标均有对应的模型进行求解。

匹配性分析的重点在于评价因素值的求取。对于静态评价因素值可以通过数据发现层从数据库中取得,而对于动态参数值则需要通过求解参数化模型获得。数值分析层要通过实现并求解参数化模型来得到评价体系中所需的动态评价因素值。

4. 表示层

表示层是匹配性评估平台的用户接口,负责提供用户输入界面,并将匹配性分析结果以直观的形式进行显示。为了实现多种输出手段和不同的输出形式,在匹配性评估平台中匹配性评估的结构将全部转化为可扩展语言(XML)格式。

XML 是用于计算机上数据交换的语言,具有与描述 Web 页面的 HTML 相似的格式。XML 有"可以利用 Web 浏览器进行数据确认"以及"易于生成数据"等优点,主要用于数据交换。具有可扩展性、灵活性和自描述性等许多重要特性。XML 表示数据的方式真正做到了独立于应用系统,并且这些数据能重用。

8.3 车炮匹配性评估案例

8.3.1 某型坦克匹配性评估

此例对现有的一种典型装备某中型坦克的匹配性进行评价计算。以美国 M1 坦克为参照标准,某中型坦克的装甲车辆与武器系统匹配性评估结果为"一般"。分析各个评价因素,结构匹配指标中评价等级为 A 的有 6 个,等级为 B 的有 1 个,等级为 C 的有 1 个,等级为 D 的有 3 个;性能匹配指标中评价等级为 A 的有 6 个,等级为 B 的有 1 个,等级为 C 的没有,等级为 D 的有 1 个。其中极限后座长与底盘座圈直径比值、质量分配系数1、质量分配系数2以及自由后坐比冲量的评价因素等级为D。

如果采用优化理论或改进某中型坦克的匹配性时,应从改进反后坐装置的角度出发,缩短后坐行程,合理设计火炮后坐距离与底盘座圈直径比例,以及后座部分重量和起落部分重量与车体战斗重量的比例关系。如果合理设计能使极限后座长与底盘座圈直径比、重量分配系数1、重量分配系数2以及自由后坐比冲量的评价因素提升为C,则最终匹配性结果某中型坦克可提高至"良好"。

8.3.2 某顶置坦克炮匹配性评估

结构匹配指标中评价等级为A的有7个,等级为B的有3个,等级为C的没有,等级为D的有1个;性能匹配指标中评价等级为A的有7个,等级为B的有3个,等级为C的有1个,等级为D的没有。

由于采用顶置式火炮结构,后坐距离不再受炮塔空间限制,使极限后坐长与底盘座圈直径比值、座圈直径/正常后座长、自由后坐比冲量等评价因素不再受比较对象的限制,直接评价为A级。因此,某顶置坦克炮的车炮系统无论从结构匹配指标还是性能匹配指标都达到很好的评价结果。

AHP法实例分析结果如下。

(1) 对于M1坦克,结构匹配只占总体评价体系的0.2217,即只相当于0.227/0.3 = 0.739,如按评价准则来衡量,只相当于良好水平。这主要是因为缺少两个很重要的评价指标,它们在结构匹配指标中占0.261,占有很大的比重,说明这两个指标的重要性。性能匹配占总体评价体系的0.6523,相当于0.6523/0.7 = 0.9332,按结果评价准则来衡量,相当于优秀水平。说明评价指标在性能匹配评价指标中占的比重很小,只占0.0668。

(2) 结构匹配评价结果为0.6023,相当于一般水平,性能匹配评价结果为0.7953,为良好水平。与某中型坦克相比,在结构和性能上都有了一些改进。依据结构匹配和性能匹配在总体系统中的权重比例系数为0.3和0.7,最后得总体评价结果为0.7374。评价为良好。

(3) 虽然某坦克的结构匹配指标评价结果为0.5863,相当于较差水平,性能匹配评价结果为0.7316,为良好水平。依据结构匹配和性能匹配在总体系统中的权重比例系数为0.3和0.7,最后得总体评价结果为0.688。评价为一般。可以看出,该型号坦克结构上的不合理已经严重影响了坦克的总体性能。

结论:通过选择专家评价法中的综合评分法和AHP法,分别从定性和定量的角度来评估车炮系统的匹配性,构建了车炮匹配性评估体系,提供了动态可视化匹配性评估平台。

针对不同车炮系统进行了匹配性评估分析,明确了影响匹配性的评价因素,探索了提高和改善匹配性的方法和技术途径。为车炮系统总体方案论证提供了理论依据,为优化装甲底盘与火炮的总体参数和总体结构布局提供了有效的技术途径,并为装甲装备实现"一种平台,多种负载"和"一种负载,适应多种平台"的总体设计思想提供了重要的技术支撑。

参考文献

[1] 李巧丽,郭齐胜. 基于能力的装备需求论证基本问题研究[J]. 装备指挥技术学院学报,2009.

[2] 杜汉华 坦克武器系统论证[M]. 北京:装甲兵工程学院 1997.

[3] 王靖君,赫信鹏. 火炮概论[M]. 北京:兵器工业出版社,1992.

[4] 张相炎. 火炮设计理论[M]. 北京:北京理工大学出版社,2005.

[5] 韩魁英,王梦林,朱素君. 火炮自动机设计[M]. 北京:国防工业出版社,1988.

[6] 毛保全,吴永亮,等. 车载顶置武器站发展综述[J]. 装甲兵工程学院学报,2013.

[7] 潘玉田,等. 轮式自行火炮总体技术[M]. 北京:北京理工大学出版社,2009.

[8] 胡立华,等. 主成分分析法在自行火炮作战效能评估中的应用[J]. 现代炮兵学报,2009.

[9] 周瑾瀛,等. 基于AHP和云理论的自行火炮武器系统作战效能评估[J]. 火力指挥控制,2014(4).

[10] 肖军,杨晓旭. 基于组合权重的自行火炮操作性评估[J]. 兵器试验,2013(2):27 - 31.

[11] 陈运生,等. 火炮发射动力学[M]. 南京:南京理工大学出版社,2003.

[12] 郭锡福,等. 弹丸发射动力学[M]. 北京:兵器工业出版社,1995.

[13] 王恺华,等. 坦克武器结构与计算[M]. 北京:装甲兵技术学院,1981.

[14] 居乃俊. 装甲车辆动力学分析与仿真[M]. 北京:国防工业出版社,2002.

[15] 毛保全,等. 总体结构参数的优化设计研究[J]. 兵工学报,2003.

[16] 张瑞永. 基于Web的装备论证决策支持系统[M]. 长沙:国防科技大学,2009.

[17] 张鸽,武瑞文. 中国新型155毫米车载炮武器系统[M]. 兵器知识,2007.

[18] 管红根,袁人枢,高枝滋. 车载炮发射动力学仿真研究[J]. 兵工学报,2005(1).

[19] 葛建立. 车载炮动态非线性有限元仿真研究[M]. 南京:南京理工大学出版社,2007.

[20] 毛保全,邵毅. 火炮自动武器优化设计[M]. 北京:国防工业出版社,2007.

[21] 毛保全,于子平,邵毅. 车载武器技术概论[M]. 北京:国防工业出版社,2008.

[22] 蒋伟. 机械动力学分析[M]. 北京:中国传媒大学出版社,2005.

[23] 王宝元,马春茂. 国外火炮动力学发展综述[J]. 火炮发射与控制学报,2009.

[24] 骆祺. 基于熵权模糊评判的自行火炮作战效能评估[J]. 兵工自动化,2012(5).

[25] 毛保全,范栋. 车炮匹配性评价平台研究[J]. 火炮发射与控制学报,2006(8).

[26] 胡钟铃,贾长治. 基于模糊综合评判的车载火炮调炮性能评估[J],火力与指挥控制,2017(6).

[27] 金志明. 枪炮内弹道学[M]. 北京:北京理工大学出版社,2004.

[28] 徐减,王亚平,等. 火炮与自动武器动力学[M]. 北京:北京理工大学出版社,2006.

[29] 边宇宏. 分析力学与多刚体动力学基础[M]. 北京:机械工业出版社,1998.

[30] 康新中,等. 火炮系统动力学[M]. 北京:国防工业出版社,1999.

[31] 目清东,张连第,赵毓芹,等. 坦克构造与设计[M]. 北京:北京理工大学出版社,2007.

[32] 费丽博,毛保全. 坦克底盘与火炮匹配性评价研究[J]. 火炮发射与控制学报,2005(4).

[33] 毛保全,范栋,等. 基于射击稳定性的车炮匹配参数分析[J]. 火炮发射与控制学报,2006.

[34] 穆歌,毛保全,闫述军. 动力学优化设计的发展综述[J]. 火炮发射与控制学报,2003.

[35] 李建明,毛保全,赵富全. 坦克火炮的外弹道特性仿真[J]. 火炮发射与控制学报,2003.

[36] 休斯敦,刘又午. 多体系统动力学[M]. 天津:天津大学出版社,1987.

[37] 胡志刚,王建明. 基于凯恩–休斯顿理论的机构动力学分析[J]. 机械设计与研究,2003.

[38] 洪嘉振. 计算多体系统动力学[M]. 北京:高等教育出版社,1999.

[39] 刘又午. 多体动力学的休斯敦方法及其发展[J]. 中国机械工程,2000.

[40] 张景绘. 动力学系统建模[M]. 北京:国防工业出版社,2000.

[41] 马福球,陈运生,朵英贤. 火炮与自动武器[M]. 北京:北京理工大学出版社,2003.

[42] 张景绘. 动力学系统建模[M]. 北京:国防工业出版社,2000.

[43] 毛保全,等. 车载武器发射动力学[M]. 北京:国防工业出版社,2010.

[44] 毛保全,等. 车载武器建模与仿真[M]. 北京:国防工业出版社,2011.

[45] 吴永亮,等. 遥控武器站发展现状与关键技术分析[J]. 火力与指挥控制,2013(10).

[46] 杨振军,等. 顶置武器站性能评估方法[J]. 火力与指挥控制,2016(1).

[47] 潘玉田,马新谋,马昀. 基于模糊德尔菲法的主战坦克性能评估研究[J]. 火炮发射与控制学报,2008(3):86–89.

[48] 王进,周文学. 坦克炮武器系统作战效能灰色模糊评估[J]. 指挥控制与仿真,2006,28(1):37–40.

[49] 房学龙. 遥控武器站性能评估指标体系及评估方法研究[D]. 北京:装甲兵工程学院,2009.